Inhalt

Vorworte 5

1. **Der Wind als Landschaftsgestalter** 7
   1.1 Verbreitung der Binnendünen in Schleswig-Holstein 10
   1.2 Entstehung der Binnendünen 10

2. **Winderosion – was ist das?** 12
   2.1 Ursachen der Winderosion 14
   2.2 Der Winderosionsprozess in der Übersicht 15
   2.3 Räumliche und zeitliche Aspekte der Bodenverwehung 18
   2.4 Folgen der Winderosion: Die onsite- und offsite-Effekte 20

3. **Warum der Boden wegfliegt: Die Rahmenbedingungen für Winderosionsprozesse in Schleswig-Holstein** 22
   3.1 Im Frühjahr droht die Hauptgefahr: Die erosiven Witterungsbedingungen ... 22
   3.2 Wo die Böden am anfälligsten sind: Die regionale Differenzierung der Bodenerodierbarkeit 24
   3.3 Einflüsse von Fruchtart, Fruchtfolge und Bodenbedeckung 36
   3.4 Wirkungen von Oberflächenrauigkeit und Feldlänge auf die Bodenverwehung ... 42

4. **Windschutz: Windschutzpflanzungen und Knicks** 45
   4.1 Wirkungen und ökologische Funktionen von Hecken und Knicks 45
   4.2 Die Entwicklung des Windschutzes in Schleswig-Holstein 49
   4.3 Die Schutzwirkung von Windhindernissen abschätzen 51

5. **Winderosion in Schleswig-Holstein – eine lange Geschichte** 53
   5.1 Von der Römischen Kaiserzeit bis zur Neuzeit 53
   5.2 Winderosion im 19. Jahrhundert und im frühen 20. Jahrhundert 59
   5.3 Winderosionsereignisse der jüngeren Vergangenheit – Dokumentation von Verwehungsfällen in Bildern 60

6. **Die potenzielle Winderosionsgefährdung in Schleswig-Holstein** 85

7. **Winderosionsschutzmaßnahmen** 88
   7.1 Kurzfristig wirksame Schutzmaßnahmen 88
   7.2 Langfristig wirksame Schutzmaßnahmen 89
   7.3 Regelungen nach Cross Compliance (Direktzahlungen-Verpflichtungengesetz) für Flächen mit hoher potenzieller Winderosionsgefährdung 89

8. Wie kann man Winderosion erfassen oder abschätzen? 90
8.1 Messungen 90
8.2 Kartierungen 91
8.3 Schätzverfahren und Modelle 95

9. Bodenschutz in Schleswig-Holstein 96
9.1 Der vorsorgende und nachsorgende Bodenschutz 97
9.2 Informations- und Datengrundlagen 97
9.3 Organisation und Zuständigkeit des Bodenschutzes in Schleswig-Holstein 98

10. Literaturverzeichnis 99

11. Verzeichnis der Abbildungen, Tabellen, Karten, Bilder und Zeitungsausschnitte 104

12. Anschriften der Autoren 110

Vorworte

Liebe Leserinnen und Leser,

betrachten Sie einmal Bäume an den Küste, die in exponierter Lage dem Wind direkt ausgesetzt sind: Die für Windschur typischen Verformungen zeigen deutlich die Kraft einer stetig frischen Brise.

Wind formt nicht nur Bäume, er kann auch den Boden bewegen. Dabei kann es durch Staubwolken und verlagerten Sand in unserer technisierten Umwelt zu gewaltigen Gefahren kommen. Für den Boden selbst können Erosionen durch Wind Veränderungen bedeuten, die seine nachhaltige Nutzung negativ beeinträchtigen.

Boden ist nicht vermehrbar. Es dauert tausende von Jahren, bis sich ein fruchtbarer Ackerboden gebildet hat. Umso größer ist unsere Verantwortung, den Boden für kommende Generationen in einem guten Zustand zu erhalten. Das Landesamt für Landwirtschaft, Umwelt und ländliche Räume des Landes Schleswig-Holstein als obere Bodenschutzbehörde und das Geographische Institut der Christian-Albrechts-Universität zu Kiel wollen mit dieser Broschüre einen Beitrag für den vorsorgenden Bodenschutz leisten.

Mein besonderer Dank gilt den Autorinnen und Autoren - Herrn Professor Rainer Duttmann, Herrn Professor Wolfgang Hassenpflug, Frau Dr. Michaela Bach, Frau Uta Lungershausen für ihr Engagement und Herrn Jörn-Hinrich Frank für die Endredaktion der Broschüre.

Wolfgang Vogel
Direktor des Landesamtes für Landwirtschaft, Umwelt und ländliche Räume des Landes Schleswig-Holstein

„Windlooper" - Ein vom Wind geprägter Baum (Zeichnung: D. Frank)

Liebe Leserinnen und Leser,

die Winderosion hat vor allem während der vegetationslosen Periode der Nacheiszeit regional eine enorme Rolle gespielt und unsere heutige Landschaft entscheidend mitgeprägt. Wissenschaftliche Bodenaufnahmen und Sondierungen bestätigen Umlagerungsprozesse von Bodenmaterial für viele Gebiete Schleswig-Holsteins. Moorböden und gute Ackerstandorte wurden von Flugsand überlagert, Senken, Täler, Hügel und Erhebungen erhielten neue Formen. Windkanter geben Hinweise, wie heftig und andauernd sandige Winde geherrscht haben müssen.

Die Winderosion ist jedoch kein ausschließliches Phänomen der Vergangenheit. Wenn bestimmte Wetterlagen mit vegetationslosen Phasen der landwirtschaftlichen Bodennutzung zusammen fallen, findet auch heute ein erheblicher Bodenabtrag statt.

Warum fliegt Boden? Was sind die Ursachen von Bodenverwehungen? Fragen, die in dieser Broschüre ebenso behandelt werden, wie die Auswirkungen der Winderosion auf Bodenstruktur, -stabilität und Bodeneigenschaften. Kulturpflanzenbestand und Saaten können durch die Erosion geschädigt werden und - da Bodenverwehungen nicht an Feld- und Eigentumsgrenzen Halt machen - sind auch Schäden durch Ablagerung von Bodenmaterial an Straßen, in Gräben oder in technischen Anlagen möglich.

Aktiver Wind- und Erosionsschutz sind nicht neu für Schleswig-Holstein. Dauerhafte Windschutzpflanzungen haben eine lange Tradition, die zum Erhalt der typisch schleswig-holsteinischen Knicklandschaft geführt hat. Fruchtarten und -folgen, Bodenbedeckungen, Oberflächenrauigkeit und Feldlängen sind Faktoren, die für einen Schutz gegen Winderosion genutzt werden können.

In dieser Broschüre sind Kenntnisse und Erfahrungen über Winderosion und Windschutz für das Land Schleswig-Holstein zusammengetragen. Ein Gemeinschaftswerk des Geographischen Instituts der Universität Kiel und des Geologischen Landesdienstes Schleswig-Holstein, das einen Grundstock für eine nachhaltige Bodennutzung und den vorsorgenden Bodenschutz darstellt.

Sabine Rosenbaum
Leiterin der Abteilung Geologie und Boden
- Staatlich Geologischer Landesdienst -
im Landesamt für Landwirtschaft, Umwelt und ländliche Räume des Landes Schleswig-Holstein

Windkanter - die bodennahe Sandverwehung hat Steine durch Schliffwirkung geformt. (Zeichnung: D. Frank)

1. Der Wind als Landschaftsgestalter

Wenngleich die natürlichen Formungsprozesse durch Wind ihren Verbreitungsschwerpunkt in den Trocken- und Halbtrockengebieten der Erde haben, lassen sie sich auch in humideren Regionen beobachten. Voraussetzungen hierfür sind neben einer für den Materialtransport ausreichenden Windgeschwindigkeit eine lückenhafte oder fehlende Pflanzendecke und das Vorhandensein von leicht verwehbarem, trockenem Lockermaterial entsprechender Korngröße, besonders der Fein- und Mittelsandfraktion. Diese Bedingungen sind vielfach an den Küsten und in den küstennahen Gebieten Schleswig-Holsteins erfüllt (Karte 1). So verdanken die Küstendünen entlang der Nord- und Ostsee den Abtrags- und Transportkräften des Windes ihre Entstehung. Die formenden Prozesse des Windes lassen sich gut in den Wanderdünen auf Sylt (Bild 1), den Dünenfeldern auf Amrum oder den Dünen des Weißenhäuser Bröks beobachten (VAN DER ENDE 2008). Eine stete Sandnachlieferung von den vegetationsfreien Stränden (Bild 2) hält diese Dünen in permanenter Bewegung und gestaltet ihre Oberfläche ständig um.

Im Unterschied zu den vielfach noch aktiven Küstendünen sind die Binnen- oder Inlanddünen heute weitestgehend festgelegt (Bild 3). Sie sind meist mit Nadelhölzern aufgeforstet, so dass die Sandbewegung unterbunden ist. Heidegesellschaften, die bis weit in das 19. Jahrhundert hinein kennzeichnend für die Binnendünenlandschaften wie für die gesamte Geest waren, nehmen heute nur noch einen vergleichsweise geringen Flächenanteil ein. Vegetationsfreie Bereiche mit ungehindertem Sandflug und annähernd natürlicher Prozessdynamik bilden in den schleswig-holsteinischen Binnendünen die Ausnahme. Sie treten nur kleinsträumig auf. Solche aus naturschutzfachlicher Sicht besonders wertvollen Dünenlebensräume lassen sich z. B. in den Holmer Sandbergen im Landkreis Pinneberg, den Süderlügumer Binnendünen in Nordfriesland und den Besenhorster Sandbergen im Herzogtum Lauenburg beobachten.

Auch an anderen Orten hinterlässt der Wind sichtbare „Spuren" in der Landschaft. Dort, wo Bäume in exponierter Lage im stetigen Westwind stehen, bilden sich die für Windschur typischen Verformungen von Stamm und Krone (Bild 4).

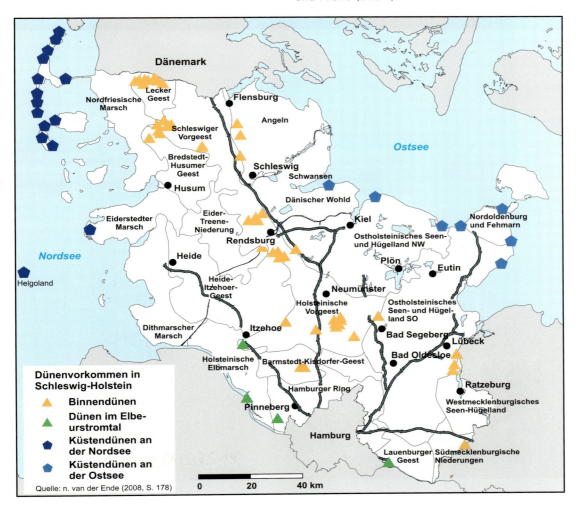

Karte 1: Dünenvorkommen in Schleswig-Holstein (Quelle: VAN DER ENDE (2008))

Bild 1: Große Wanderdüne auf Sylt mit Hangkante (Foto: J. Newig)

Bild 2: Sandtreiben auf Japsand: Auf den trocken fallenden Stränden und Sandbänken an der Nordseeküste ist immer wieder Sandtreiben zu beobachten, das den Transportprozess der Saltation (s. Kapitel 2.2) gut veranschaulicht (Foto: W. Hassenpflug)

Bild 3: Binnendüne bei Lütjenholm (Foto: R. Duttmann)

Bild 4: Windschur an Bäumen bei Stadum (Foto: W. Hassenpflug)

1.1 Verbreitung der Binnendünen in Schleswig-Holstein

Der Verbreitungsschwerpunkt der Binnendünen und der vergleichsweise gering mächtigen Flugsanddecken liegt in der schleswigholsteinischen Geest. Ihre größten Vorkommen finden sich auf den Sanderflächen in der Lecker Geest, der Schleswiger Vorgeest und der Holsteiner Vorgeest sowie auf der Altmoräne. Zudem folgen ausgedehnte Binnendünenareale den Niederungen der weichseleiszeitlichen Schmelzwasserabflusssysteme (z. B. Eider- und Störniederung) und den Rändern des Elbe-Urstromtales (MÜLLER 1999). Wegen des höheren Tongehaltes und der größeren Aggregatstabilität des Mineralbodens fehlen Binnendünen im Jungmoränengebiet. Gleiches gilt auch für die Marsch, abgesehen von kleineren Dünenflächen, die auf Strandhaken und Strandwällen beispielsweise auf der Halbinsel Eiderstedt entwickelt sind.

1.2 Entstehung der Binnendünen

Den Beginn der Dünenbildung datieren MÜLLER (1999, 2000), KOSTER (2005) und MAUZ u.a. (2005) auf den Zeitraum Ältere Dryas (12.000 - 11.800 Jahre vor heute). In diesem Abschnitt des Spätglazials herrschten optimale Bedingungen für die Aufwehung mächtiger Flugsanddecken und die Entstehung ausgedehnter Dünenfelder. Unter einem extrem trockenen und kalten Klima war auf den Schmelzwassersanden im Westen des Weichselgletschers eine schüttere Pflanzendecke aus niedrigwüchsiger Tundrenvegetation ausgebildet, die der Bodenoberfläche nur unzureichenden Schutz vor der Auswehung (Deflation) bieten konnte.

Windkanter, die sich überall auf der Geest finden lassen, geben Hinweis darauf, wie heftig und andauernd hier mit Feinmaterial beladene Winde zum Ende der Eiszeit geweht haben müssen, um durch Schliffwirkung solche markanten Oberflächen auf Steinen entstehen zu lassen (Bild 5).

Bild 5: Windkanter aus dem Raum Kropp – Tetenhusen (Foto: W. HASSENPFLUG)

Unterbrochen durch das Allerød-Interstadial (Zwischen-Warmzeit 11.800 - 10.900 Jahre vor heute), in dem ein für Baumwachstum günstigeres Klima das Einwandern von Birken und Kiefern ermöglichte, kam es kurzzeitig zur erstmaligen Festlegung der Binnendünen und Flugsandfelder. In diese Zeit datiert die Entstehung des so genannten Usselo- oder Allerød-Bodens, der einen wichtigen Marker in der zeitlichen Abfolge (Chronostratigraphie) äolischer (windbedingter) Ablagerungen bildet (KOSTER 2005, MÜLLER 1999).

Unter dem Tundrenklima der Jüngeren Dryas (10.900 - 10.200 Jahre vor heute) lebten die äolischen Formungsprozesse nochmals auf, ehe die anschließende rasche Klimaerwärmung und die damit einhergehende Wiederbewaldung den Deflations- und Akkumulationsprozessen ein Ende setzte. Die Binnendünen wurden erneut festgelegt. In den folgenden 5.000 bis 6.000 Jahren äolischer Formungsruhe entwickelten sich unter einem dichten Waldbestand mächtige (Eisenhumus-)Podsole. Diese Stabilitätsphase dauerte bis zu den ersten lokalen Eingriffen des Menschen in die Landschaft im Subboreal (5.000 – 2.500 Jahre vor heute).

Spätestens seit der späten Römerzeit führten zunehmende Rodungstätigkeit, ackerbauliche Nutzung sowie Brenn- und Bauholzgewinnung zu einem erneuten Einsetzen der äolischen Aktivität. Die anhand von bodenkundlichen Befunden, Datierungen (z. B. ^{14}C, OSL oder Thermolumineszenz) und Pollenanalysen nachweisbare Aufeinanderfolge von Auswehungs- und Stabilitätsphasen gibt Aufschluss über den Einfluss des Menschen auf die wechselvolle Landschaftsgeschichte der schleswig-holsteinischen Geest. Für die historische Zeit lassen sich drei Hauptphasen anthropogen bedingter äolischer Aktivität nachweisen (vgl. Tabelle 1):

1. Römische Kaiserzeit (1. – 4. Jahrhundert n. Chr.)
2. Mittelalter (6. Jahrhundert n. Chr. – 1500 n. Chr.)
3. Neuzeit (ab 1500 n. Chr.)

Bis heute sind Auswehungsprozesse kennzeichnend für die schleswig-holsteinische Geest. Die Bodenerosion durch Deflation zählt trotz umfangreicher Windschutzmaßnahmen - vor allem seit den 1950er Jahren - noch immer zu den Hauptgefahren für die ackerbaulich genutzten Böden der Geestlandschaften Nord- und Nordwestdeutschlands. In unregelmäßiger Folge auftretende Winderosionsereignisse können dabei mit beträchtlichen Austrägen an mineralischem Feinboden und organischer Substanz verbunden sein, die zu Beeinträchtigungen der Bodenfruchtbarkeit führen können.

Tabelle 1: Zeittafel zur Landschaftsgeschichte für das Gebiet der schleswig-holsteinischen Geest. Entwurf: U. LUNGERSHAUSEN, auf der Grundlage von ARNOLD u. KELM (2004) und BEHRE u. VAN LENGEN (1995)

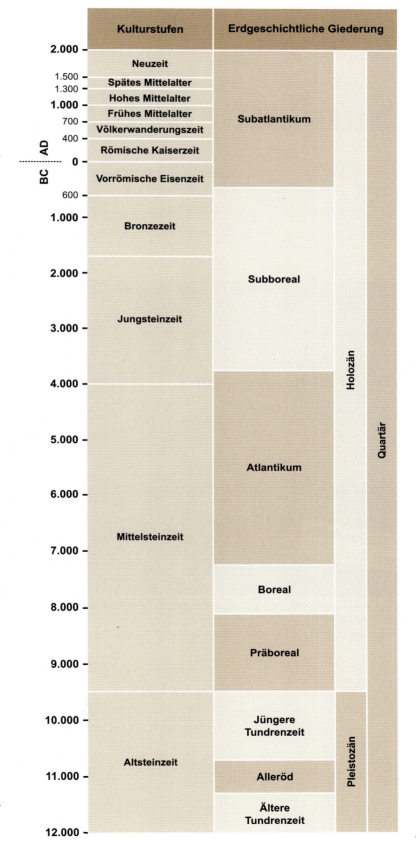

2. Winderosion – was ist das?

Als Winderosion wird der durch menschliche Tätigkeit ausgelöste und über den natürlichen äolischen Abtrag hinausgehende Verlust von Feinboden bezeichnet. Anders als die Wassererosion, deren Rillen, Rinnen oder Gräben auf Ackerflächen oft über mehrere Wochen sichtbar sind, hinterlässt Winderosion auf bewirtschafteten Flächen nur kurzfristig deutlich erkennbare Spuren. Sie verläuft mehr oder weniger schleichend und wird deshalb zumeist nur im Falle der recht seltenen spektakulären Ereignisse bewusst wahrgenommen. Untersuchungen zeigen jedoch, dass bei entsprechender Bodenzusammensetzung Auswehungsverluste von bis zu 40 Tonnen Feinboden pro Hektar Ackerland ohne sichtbare Anzeichen von Erosion auftreten können (CHEPIL 1960).

Zeitungsausschnitt: „Sandsturm fegte über Einfeld" (Quelle: Holsteinischer Courier, 20.04.2007)

Wind trägt Sand durchs Land

Kiel. Ausgetrocknete Böden in Verbindung mit einem harten Westwind haben gestern auch in Schleswig-Holstein für Sandverwehungen gesorgt. Wie hier bei Blickstedt nahe Kiel wirbelte der Wind von den Äckern den trockenen Boden auf und trug ihn weit über Knicks und andere Felder. Behinderungen gab es auf der Autobahn 7 zwischen Jagel und Schuby. Dort meldeten mehrere Autofahrer Sichtbehinderungen durch den Sand. Nach Angaben der Autobahnpolizei blieb es aber bei leichten Behinderungen. Am Freitag hatte aufgewirbelter Sand nahe Rostock auf der Autobahn 19 für starke Sichtbehinderungen gesorgt. Dabei kam es zu einer Massenkarambolage mit acht Toten. Heftige Winde und eine für die Jahreszeit zu trockene Witterung sind nach Angaben des Deutschen Wetterdienstes für die Sandstürme mitverantwortlich. FB

Zeitungsausschnitt: „Wind trägt Sand durchs Land" (Quelle: Kieler Nachrichten, Autor: F. BEHLING, 13.04.2011)

Zeitungsausschnitt: „Ackerkrume geht fliegen" (Quelle: Bauernblatt, Autor: U. Herms, 04.06.2011)

Winderosion – auch in Schleswig-Holstein eine Herausforderung

Ackerkrume geht fliegen

Die Massenkarambolage auf der Autobahn bei Rostock-Kavelstorf im April hat drastisch gezeigt, dass Bodenverwehungen – ein anderes Wort dafür ist Winderosion – auch in Norddeutschland auftreten können. Sie sind zudem weder selten noch unbedeutend, auch wenn sie bisher zum Glück noch nicht an so schweren Unfällen mitwirkten wie bei Rostock. In den Verkehrsnachrichten wurde aber schon öfter vor Sichtbehinderungen durch Staub, bisweilen gar vor Sandsturm gewarnt, so auch wieder am 24. Mai für die Autobahn Kiel-Rendsburg mit Sichtweiten von unter 50 m. Das Wort "Sandsturm" ist dabei bezeichnend, denn es sind stets die Sandböden, die gefährdet sind.

Bauernblatt, 04. Juni 2011

Bild 1: Bodenverwehung bei Embühren, hier ein Blick gegen die Windrichtung: Im Bildvordergrund liegt vor einem Knick abgelagerter Sand; im Hintergrund ist ein kurzes Stück Knick zu sehen; nur in einem kleinen, windgeschützten Bereich dahinter sind die Pflanzen noch grün, außerhalb davon ist der Bestand fast völlig abgeschliffen.

Ausmaß und Intensität der Winderosion werden vom Zusammenwirken folgender Faktoren bestimmt (Tabelle 2):

1. Natürliche Faktoren (klimatische Erosivität, Bodenerodierbarkeit),
2. Faktoren der Landschaftsstruktur (Flächennutzung, Bodenbedeckung, Windoffenheit, Windschutz) und
3. Faktoren der aktuellen Landbewirtschaftung (Fruchtfolge, Oberflächenrauigkeit, Bodenstruktur).

Während die beiden erstgenannten Faktorengruppen die potenzielle standörtliche Winderosionsgefährdung bestimmen, ist die aktuelle Erosionsgefährdung einer Fläche darüber hinaus von der Bewirtschaftung und der Bodenbearbeitung abhängig.

Standortfaktoren längerfristig wirkend, durch Bewirtschaftung kurz-/oder mittelfristig nicht veränderbar	potenzielle (standörtliche) Winderosionsgefährdung	
• Windgeschwindigkeit • Feldlänge, Windoffenheit • Bodeneigenschaften (Bodenzusammensetzung, Wasserhaltekapazität) • historisch gewachsene Landnutzungsstrukturen (Landwirtschaftsflächen, Waldflächen, Windschutzpflanzungen u.a.)		Tatsächliche Winderosionsgefährdung
Nutzungsfaktoren kurzfristiger wirkend, durch Bewirtschaftung kurz-/oder mittelfristig veränderbar	bewirtschaftungsbedingte Winderosionsgefährdung	
• Bodenbedeckung • Oberflächenrauigkeit • Bodenstruktur und -gefüge • Bewirtschaftungsrichtung		

Tabelle 2: Faktoren der Winderosion (Quelle: nach BMVEL (2001) und NLÖ (2003), verändert)

2.1 Ursachen der Winderosion

Winderosion wird durch Eingriffe des Menschen in den Landschaftshaushalt ausgelöst. Hierzu gehören u. a.

- das Abholzen von Wäldern und Hecken,
- das Ausräumen der Landschaft,
- das Umbrechen von Heiden und Grünland,
- das Vergrößern der Ackerschläge und Schaffen großer windoffener Felder,
- das Absenken des Grundwasserspiegels und
- das ackerbauliche Bewirtschaften von Mooren (s. AID 1994).

Häufige Ausgangsbedingungen für das Einsetzen von Winderosion sind in Tabelle 3 zusammengefasst. In den winderosionsanfälligen Gebieten Schleswig-Holsteins (Karte 2) treten flächenhafte Auswehungsereignisse besonders im Frühjahr auf. Häufige Ursachen hierfür sind:

- stabile Ostwetterlagen und trockene Starkwinde aus östlichen Richtungen in Verbindung mit fehlendem Niederschlag, geringer Bewölkung und hoher Einstrahlung (IWERSEN 1953, RICHTER 1965, HASSENPFLUG 1998),
- hohe Winderosionsanfälligkeit der sandigen Geestböden und der entwässerten Moorböden,
- geringe Bodenbedeckung, z. B. beim Anbau von Sommergetreide, Hackfrüchten (Kartoffeln, Zuckerrüben) und Mais (Körnermais und Grün-/ Silagemais),
- später Saataufgang bei Hackfrüchten und Mais,
- lockeres Bodengefüge und geringe Aggregatstabilität auf frisch bearbeiteten oder bestellten Anbauflächen,
- geringe Niederschlagsmengen in den Frühjahrsmonaten,
- rasche Erwärmung und oberflächliche Austrocknung des frisch bearbeiteten, schwach bedeckten Bodens bei Strahlungswetterlagen und
- beschleunigte Austrocknung des unbedeckten (Sand-)Bodens bei fehlendem Niederschlag, geringer Luftfeuchte und kontinuierlicher Bewindung.

Tabelle 3: Häufige Ausgangsbedingungen für das Auftreten von Winderosionsereignissen (Quelle: nach BMVEL (2001), LUNG-MV (2002), verändert)

Häufige Ausgangsbedingungen für das Auftreten von Winderosionsereignissen	
• Windgeschwindigkeit	> 7 m/s (in 10 m Höhe gemessen), entsprechend 4,5 - 5 m/s an der Bodenoberfläche
• Bodenerodierbarkeit	Fein- und Mittelsande, schwach schluffige und schwach lehmige Sande mit geringem Gehalt an organischer Substanz, ackerbaulich genutzte Moorböden
• Bodenfeuchte	Trockenheit in den obersten mm eines unbedeckten Bodens
• Bodenbedeckung	fehlende oder geringe Bodenbedeckung; hohes Auswehungsrisiko bei Bedeckungsgraden < 30%
• Windoffenheit, Feldlänge	< 5 km Flurelemente pro km^2 in waldarmen Landschaften; Abstand von Feldgehölzen und Hecken > 300 m quer zur Hauptwindrichtung

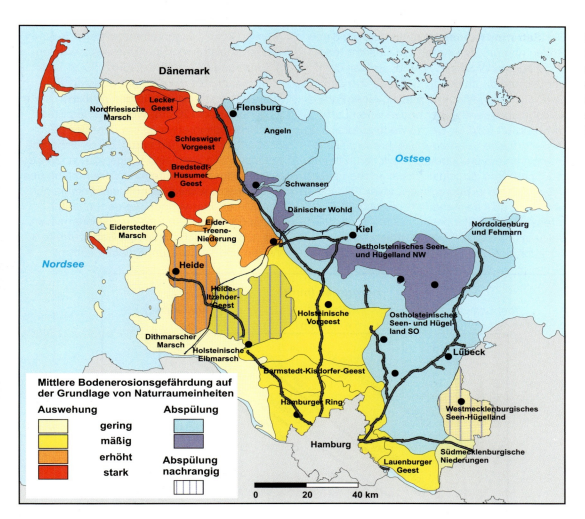

Karte 2: Mittlere Bodenerosionsgefährdung in den Naturräumen Schleswig-Holsteins nach RICHTER (1965)

2.2 Der Winderosionsprozess in der Übersicht

Beim Überstreichen der Oberfläche wirkt der Wind auf die an der Oberfläche liegenden Bodenpartikel. An der Ablösung und dem Transport der Bodenpartikel sind Schub- und Hubkräfte des Windes beteiligt. Übersteigen diese die zwischen den Bodenpartikeln wirkenden Interpartikelkräfte und die ebenfalls auf die Bodenpartikel wirkende Schwerkraft, kommt es zur Ablösung und zum Transport. Je nach Teilchengröße und -gewicht sind unterschiedliche Mindest- oder Schwellenwindgeschwindigkeiten erforderlich, um die Bodenteilchen von der Oberfläche abzulösen, in Bewegung zu bringen und zu transportieren. Im Unterschied zu den Fein- und Mittelsanden, die durch die geringsten Schwellenwindgeschwindigkeiten gekennzeichnet sind, sind für die Auswehung größerer wie feinerer Korngrößen höhere Windgeschwindigkeiten notwendig.

Ein vergleichsweise hoher Energieeintrag durch Wind ist für die Partikelablösung bei Schluff- und Tonböden erforderlich. Aufgrund der relativ großen spezifischen Oberfläche dieser Bodenteilchen sind die zwischen ihnen wirkenden Adhäsions- und Kohäsionskräfte besonders groß. Erst nach deren Überwindung können diese Partikel von der Luftströmung aufgenommen und transportiert werden.

Prinzipiell werden **drei Arten des Materialtransportes durch Wind** unterschieden:
- der **Reptationstransport** *[lat. reptare = rollen]*,
- der **Saltationstransport** *[lat. saltare = springen]* und
- der **Suspensionstransport** *[lat. suspendere = schweben]* (Abbildung 1).

Diese drei Transportarten sind jeweils von der Teilchengröße abhängig und weisen charakteristische vertikale und horizontale Transportdistanzen auf. Große Bodenteilchen mit einem Durchmesser von über 0,5 mm werden aufgrund ihrer Masse durch die Schubkräfte des Windes lediglich rollend auf der Bodenoberfläche bewegt (SHAO 2000). Die größten durch den Wind transportierbaren Teilchen weisen, je nach Windgeschwindigkeit, einen Durchmesser von bis zu 2 mm auf (FUNK 1995, FANGMEIER u.a. 2006). Die maximale horizontale Transportdistanz durch **Reptation** ist relativ gering. Nur selten werden die Bodenpartikel bei dieser Transportform weiter als einige Meter verlagert.

Der **Saltationstransport** nimmt bei sandigen Böden den größten Anteil des Gesamttransportes durch Wind ein. Hierbei werden die Bodenteilchen durch den Windschub von der Oberfläche abgelöst und entlang einer Parabelbahn springend in der bodennahen Luft transportiert (Bild 6). Beim Wiederaufprall auf die Oberfläche übertragen sie ihre kinetische Energie an die umgebenden Teilchen. Ein auf die Oberfläche zurückfallendes Teilchen setzt dabei weitere in Bewegung. Dieser Vorgang wird auch als Lawineneffekt bezeichnet. Die Intensität des Saltationsprozesses ist durch die Transportkapazität des Luftstroms als Funktion der Strömungsgeschwindigkeit begrenzt. Durch Saltation transportierte Teilchen weisen meist einen Durchmesser zwischen 0,5 mm und 0,02 mm auf (Shao 2000, Funk 1995, Fangmeier u.a. 2006). Der saltative Transport erstreckt sich in der Vertikalen bis in eine Höhe von 120 cm, wobei der Großteil des Materials in etwa 30 cm über der Geländeoberfläche verlagert wird. Der einzelne Saltationssprung kann eine Länge von ca. 3 m erreichen; durch fortlaufende Wiederholung des Saltationsprozesses können leicht einige hundert Meter überwunden werden, ehe der Transportvorgang an Strömungshindernissen wie z. B. Windschutzzäunen, Gehölzstreifen, Wällen und Knicks, zum Erliegen kommt.

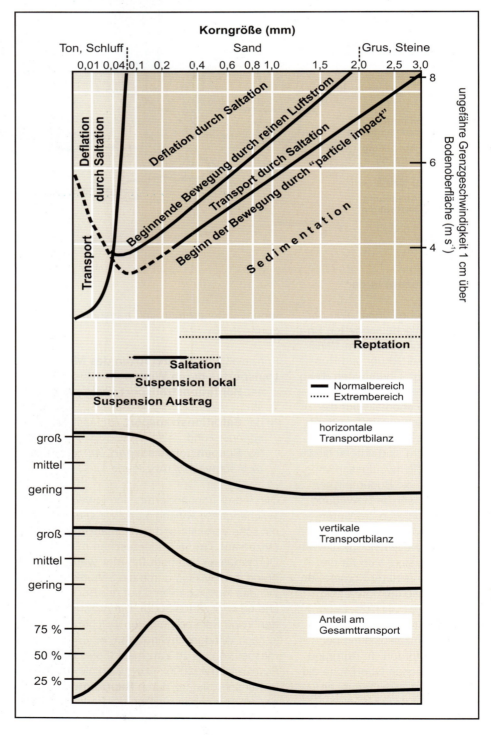

Abbildung 1: Transportformen der Winderosion. (Quelle: H. Gebhardt u. a. (2007) verändert)

Bild 6: Saltationstransport (Wallsbüll, 24.10.1979): Deutlich erkennbar ist die von Nord nach Süd verlaufende Bodenbearbeitung und der quer dazu gerichtete Saltationstransport (auf dem Bild von links (Ost) nach rechts (West)). Der Sandtransport geht quer und nahezu geradlinig über die flachen Bearbeitungsfurchen hinweg. Er erfolgt nicht gleichmäßig über die gesamte Länge des Feldes, sondern ist in zahlreiche Bahnen intensiven Transportes und dazwischen liegende Zonen mit fehlendem oder minimalem Sandtransport gegliedert. (Foto: W. Hassenpflug)

Kennzeichnend für schluffreichere Böden ist der **Suspensionstransport** (Bild 7). Auf den sandigen, schwach lehmigen Böden der Geest ist dieser Transportmechanismus von der Masse her jedoch weniger bedeutend. Beim Suspensionstransport werden kleinste Bodenpartikel mit Durchmessern zwischen 0,007 mm und 0,02 mm vom Luftstrom aufgenommen und können so über sehr weite Strecken verfrachtet werden (Chepil 1957, Shao 2000). Horizontale Transportdistanzen von mehreren hundert Kilometern sind keine Seltenheit. Für feinste Stäube mit einem Korndurchmesser von < 0,002 mm sind sogar Transportwege von mehreren tausend Kilometern dokumentiert.

Bild 7: Suspensionstransport: Im Gegenlicht gut erkennbar ist eine Staubwolke aus feinem mineralischem und organischem Material mit einer Höhe von mehr als 10 m. Zum Zeitpunkt der Aufnahme erreichte die in 2 m Höhe mit einem Schalenkreuzanemometer gemessene Windgeschwindigkeit Werte zwischen 7 und 9 m/s. Ihnen entsprach in 5 cm über dem Boden eine Geschwindigkeit von ca. 6 m/s. (Foto: W. Hassenpflug)

2.3 Räumliche und zeitliche Aspekte der Bodenverwehung

Bodenverwehungsereignisse konzentrieren sich auf wenige Tage im Jahr. Sie treten – wie erwähnt – bevorzugt im Frühjahr auf, wenn alle verwehungsfördernden Faktoren zusammentreffen, d. h. der Wind stark genug, der Boden nur gering bedeckt und die Bodenoberfläche abgetrocknet ist. Was als Ergebnis eines meist mehrere Tage andauernden Verwehungsereignisses in der Landschaft beobachtet und kartiert werden kann, ist Ausdruck zahlreicher einzelner Verwehungsfälle. Dabei führen kurzzeitige, d. h. im Bereich von Sekunden bis Zehnersekunden auftretende Phasen mit wechselnden Windstärken und Windrichtungen (Abbildung 2) auf den betroffenen Feldern zu einem räumlichen Mosaik an Auswehungs-, Transport- und Ablagerungsbereichen.

Der Sedimenttransport reagiert unmittelbar auf die Veränderungen der Windgeschwindigkeit. Demzufolge setzt sich eine Bodenverwehung aus zahlreichen Auswehungsphasen bei entsprechend starkem Wind und Phasen der Ablagerung oder fehlendem Transport bei nachlassendem Wind zusammen (Bild 8). Die im Luftstrom mitgeführten Sande fallen, nachdem sie einige Meter bis Zehnermeter transportiert worden sind, wieder zu Boden. Dieser Vorgang wiederholt sich innerhalb eines Verwehungsereignisses unzählige Male bis zu dem Zeitpunkt, an dem der für die Bewegung der Bodenpartikel erforderliche Schwellenwert der Windgeschwindigkeit nicht mehr überschritten wird. Nimmt die Windgeschwindigkeit jedoch wieder zu, wird irgendwann der Zeitpunkt erreicht, an dem die Minimalwerte des turbulent wehenden Windes den für die Bewegung der Bodenpartikel erforderlichen Schwellenwert überschreiten – die Verwehung beginnt und kann bei anhaltendem starkem Wind in einen mehr oder weniger kontinuierlichen Prozess übergehen. Mit nachlassendem Wind erlahmt auch dessen Transportkraft. Die Verwehung kommt zum Erliegen.

Aus der obigen Beschreibung geht hervor, dass das als Winderosion bezeichnete Phänomen der Bodenverwehung nicht nur als reiner Prozess der Erosion (im Sinne von Auswehung) zu betrachten ist, sondern immer auch als Transportprozess mit anschließender Ablagerung. Er führt in den betroffenen Ackerflächen zu einem räumlichen Nebeneinander von Netto-Erosionsflächen und Netto-Akkumulationsflächen.

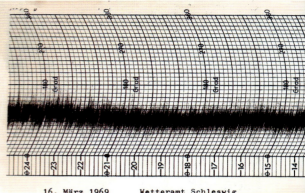

16. März 1969   Wetteramt Schleswig
Windrichtung von 13.00 bis 24.00 Uhr (links)
90° = Ost; 180° = Süd

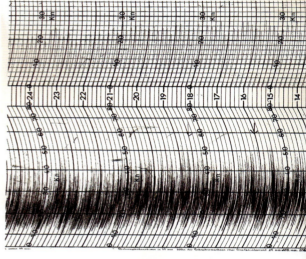

16. März 1969   Wetteramt Schleswig
Augenblickliche Windgeschwindigkeit
von 13.00 bis 24.00 Uhr (links)

Abbildung 2: Aufzeichnung von Windrichtung und Windgeschwindigkeit mit einem Windschreiber für ein Winderosionsereignis vom 16.03.1969. Quelle: Wetteramt Schleswig (1969)

Bildlich lässt sich die Windeinwirkung auf einem von Verwehung betroffenen Ackerschlag mit einem Getreidefeld vergleichen, dessen Halme sich im Wind bewegen. Auch dort fällt der Wind auf Teilflächen ein und setzt sich anschließend über einzelne Feldbereiche hinweg fort. Zum gleichen Zeitpunkt ist somit meist nicht das gesamte Feld betroffen, sondern nur ein bestimmter Abschnitt. Erst durch fortlaufende Wiederholung des Prozesses wird die Fläche überall von den Windeinwirkungen erfasst.

Bild 8: Räumliche und zeitliche Dynamik von Verwehungsprozessen: Die Fotos a (linke Bildhälfte) und b (rechte Bildhälfte) wurden kurz nacheinander aufgenommen (09.05.1970). Während in Bild 8 a die gesamte Ackerfläche von Verwehungen betroffen ist, beschränkt sich die Windeinwirkung wenig später auf die linke Seite des Schlages (Bild 8 b). Auf der rechten Feldhälfte findet zu diesem Zeitpunkt kein Sedimenttransport statt. (Foto: W. HASSENPFLUG)

Als **Maß für die Verwehungsintensität** können die Länge von Sandfahnen auf den leewärts gelegenen Flächen und die in ihnen abgelagerte Sedimentmenge verwendet werden. Ihre Ausprägung ist – außer von den meteorologischen Verhältnissen, der Bodenbeschaffenheit und den angebauten Feldfrüchten – wesentlich von der Flurgestaltung, wie z. B. der Feldlänge in Windrichtung und der Ausbildung des Windschutzes durch Hecken, Knicks oder Feldgehölze abhängig (Abbildung 3). Lage, Länge und Ausrichtung der Sandfahnen geben somit Hinweise auf das aus dem Zusammenwirken zahlreicher Standortfaktoren resultierende örtliche Verwehungsrisiko. Ihre Kartierung liefert deshalb eine wichtige Grundlage für Winderosionsbekämpfungsmaßnahmen.

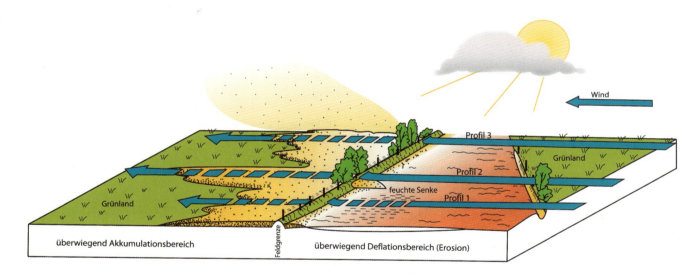

Abbildung 3: **Schema der Bodenverwehung**: Das Schema zeigt den Faktorenzusammenhang beim Verwehungsprozess und stellt die zentralen Vorgänge der Bodenverwehung dar. Auf einem vegetationsfreien Feld (Bildmitte) wird Boden durch den von der rechten Seite wehenden Wind verlagert. Bei mäßigem Wind oder kurzer Verwehungsdauer bleibt das Bodenmaterial innerhalb des Feldes, bei anhaltendem und/oder stärkerem Wind wird es dagegen bis auf das leeseitig gelegene Feld transportiert, wo sich Sandfahnen bilden. Feinere Bodenteilchen können dabei in Suspension über noch weitere Distanzen transportiert werden. Die Länge der auf der Leeseite von Hindernissen häufig ausgebildeten Sandfahnen resultiert aus dem Zusammenwirken zahlreicher Standortfaktoren. Sie wird wesentlich von der Gestaltung der Flur beeinflusst.
In **Profil 1** ist die Länge der Sandfahne vergleichsweise gering, weil sich im potenziellen Auswehungsbereich eine Senke mit feuchtem, humusreichem und somit besser aggregiertem Boden mit geringerer Erodierbarkeit befindet.
Profil 2 weist eine große Feldlänge und trockenere Bodenverhältnisse auf. Das aus dem Deflationsbereich ausgewehte Sediment wird durch die Strauchreihe hindurch transportiert und lagert sich in ihrem Windschatten als Sandfahne ab. Da Windbremsung bereits im Luv der Strauchreihe einsetzt, wird ein Teil des ausgewehten Sediments auf ihrer Luvseite abgelagert.
Im **Profil 3** ist die Sandfahne bei gleicher Bodenbeschaffenheit wie in Profil 2 kürzer, was auf die geringere Strecke (Feldlänge) im Deflationsbereich zurückzuführen ist. (Entwurf: W. HASSENPFLUG)

2.4 Folgen der Winderosion: Die onsite- und offsite-Effekte

Die negativen Folgen der Winderosion sind – wie die Sandfahnen belegen – in der Regel nicht auf die Felder beschränkt, auf denen Verwehungsprozesse beginnen. Von diesen so genannten onsite-Effekten sind die offsite-Wirkungen zu unterscheiden. Letztere reichen bisweilen weit über die Feldgrenzen hinaus. (Tabelle 4). Auf einem von Winderosion betroffenen Ackerschlag können Netto-Erosionsbereiche und Netto-Depositionsbereiche räumlich eng benachbart auftreten. Im Gegensatz zur Wassererosion, die als gefälleabhängiger und damit räumlich gerichteter Prozess abläuft, handelt es sich bei der Bodenerosion durch Wind um einen omnidirektionalen Prozess. Wechselnde Transportrichtungen, selbst hangauf, und damit letztlich räumlich variable Erosions- und Akkumulationsbereiche führen schlagintern zu einem Mosaik an Teilflächen mit unterschiedlichen physikalischen und chemischen Bodeneigenschaften. So wird die Bodenstruktur durch den selektiven Austrag feiner Partikel und durch die Auswehung der organischen Bodensubstanz nachhaltig geschädigt. Im Erosionsbereich kommt es dabei zu einer relativen Anreicherung gröberer Mineralbodenbestandteile und zur Abnahme des Humusgehaltes – mit den negativen Konsequenzen für die Bodenstabilität und den Bodenwasserhaushalt. Wegen der bevorzugten Bindung von Nährstoffen an die organische Bodensubstanz und an die mineralischen Feinstpartikel des Bodens zeichnen sich Netto-Erosionsbereiche in der Regel zudem durch ein verringertes Nährstoffbindungsvermögen aus. Die abnehmende Stabilität der Bodenaggregate im Erosionsbereich kann darüber hinaus mittelfristig zu einer erhöhten Staubfreisetzung beitragen. Neben den chronischen Folgen für den Boden ist Winderosion vielfach mit Schäden an der Saat und am jungen Pflanzenbestand verbunden. Beispiele hierfür sind die Auswehung von Saatgut, die Verletzung der Pflanzen durch Windschliff und die Freilegung von Pflanzenwurzeln. In den Ablagerungsbereichen des zuvor verfrachteten Sedimentes können Ertragsminderungen und -ausfälle durch Überdeckung der Aussaat mit verwehtem Sediment auftreten (Bild 9).

Oftmals machen Bodenverwehungen nicht an den Feldgrenzen Halt. Verfüllte Gräben, übersandete Verkehrswege (Bild 10 a und b) und Staubeinträge in technische Anlagen sind nur einzelne der vielfältigen offsite-Wirkungen. Hinzu kommen gesundheitliche Beeinträchtigungen durch Staubbelastungen sowie Einträge eutrophierungswirksamer Stäube in sensible Landökosysteme und in Gewässer.

Tabelle 4: Onsite- und offsite-Effekte der Winderosion (Quelle: D. Goossens (2003 S. 30, verändert))

"On-site"-Effekte	"Off-site"-Effekte
Auswehung von Feinboden	Deposition von Feinboden auf Straßen, in Gräben und entlang von Hecken
Anreicherung größerer Korngrößen im Auswehungsbereich	Einträge von Sedimenten, Nähr- und Schadstoffen in sensible Ökosysteme
Auswehung organischer Substanz	Abnahme der Sichtweite, Gefährdung des Verkehrs
Abnahme der Wasserkapazität im Oberboden	Staubeinträge in Gebäude und technische Anlagen
Schädigung der Bodenstruktur	Qualitätsverluste bei Nutzpflanzen durch die Ablagerung von Stäuben
Förderung der Oberbodenversauerung	
Schäden durch Abrasion	**Langfristige Effekte**
direkte Schäden an Pflanzen durch Windschliff	Aufnahme der mit dem Wind transportierten Partikel durch Mensch und Tier
Infektion von Nutzpflanzen durch Einwehung von an Bodenpartikeln haftenden Krankheitserregern	Atemwegserkrankungen
Förderung der Staubfreisetzung	Anreicherung von nicht oder schwer abbaubaren Stoffen
	Eutrophierung von Grund- und Oberflächenwasser
	Eutrophierung nährstoffarmer Ökosysteme
Weitere Effekte	
Akkumulation von Bodenmaterial geringer Qualität	
Sandablagerungen an Feldgrenzen und Windhindernissen	
Sandüberdeckung von Pflanzen	
Verlust von Saatgut und Jungpflanzen	

Bild 9:
Typischer onsite-Effekt: Sanddeposition (Sandfahne) auf einem Ackerschlag (Foto: R. DUTTMANN)

Bild 10a:
Typischer offsite-Effekt: Sandablagerung an einer Straße bei Ellbek mit Schneeräum-Fahrzeug (05.04.1989)

Bild 10b:
zugewehte Grundstückseinfahrt in Kleinwiehe am 23.03.1969 (Lage in Bild 30 hinter dem Ortsschild)

3. Warum der Boden wegfliegt: Die Rahmenbedingungen für Winderosionsprozesse in Schleswig-Holstein

3.1 Im Frühjahr droht die Hauptgefahr: Die erosiven Witterungsbedingungen

Bodenverwehung setzt ein, wenn die auf eine unbedeckte Oberfläche einwirkenden Windkräfte größer sind als der von den Bodeneigenschaften abhängige Erosionswiderstand. Dieser variiert mit der Partikelgröße und -dichte sowie mit dem Wasser- und Humusgehalt des Bodens. Der Erosionswiderstand wird überschritten, wenn die Windgeschwindigkeit einen für die Bewegung der Bodenpartikel kritischen Schwellenwert, die so genannte **Schwellenwindgeschwindigkeit**, übersteigt. Auf unbedeckten, trockenen und fein- bis mittelsandigen Böden ist dies bereits bei Windgeschwindigkeiten von 4 bis 5 m/s in 15 cm Höhe der Fall. Bezogen auf die für Windmessungen übliche Höhe von 10 m entspricht das einer Geschwindigkeit von 6 bis 8 m/s oder einer Windstärke von 4 bis 5 Beaufort.

Noch geringer ist die Schwellenwindgeschwindigkeit für die organischen Bestandteile der ackerbaulich genutzten, stark entwässerten und vermulmten Moorböden, insbesondere der Niedermoore. Aufgrund der geringen Dichte der organischen Bodenteilchen setzen hier unter trockenen Bedingungen schon bei bodennahen Windgeschwindigkeiten von 2 bis 4 m/s Auswehungsprozesse ein.

Außer in einem wenige Kilometer breiten Streifen entlang der Küsten von Nord- und Ostsee, wo das Jahresmittel der Windgeschwindigkeit Werte von mehr als 6 m/s, stellenweise von mehr als 7 m/s erreicht, treten vergleichsweise höhere Windgeschwindigkeitsmittel im gesamten nördlichen Landesteil auf. Nach Süden und Südosten hin nimmt die mittlere Windgeschwindigkeit ab. Sie erreicht in weiten Teilen Holsteins Werte von weniger als 4,9 m/s und geht im Lauenburgischen auf Mittelwerte von unter 3,9 m/s zurück.

Für die Beurteilung der Winderosionsgefährdung ist die mittlere Windgeschwindigkeit allerdings nur von begrenzter Aussagekraft. Entscheidend hierfür sind vielmehr die Auftretenshäufigkeit, die Dauer und die jahreszeitliche Verteilung von Winden mit erosiver Wirkung. Als erosionsauslösend gelten dabei Winde, die eine Geschwindigkeit von 7 m/s in 10 m Höhe erreichen oder überschreiten.

Außer von der Windgeschwindigkeit als der zentralen Größe für den Windcrosionsprozess hängen Ausmaß und Intensität der Auswehung von zahlreichen weiteren wetter- und witterungsabhängigen Faktoren ab. Hierzu zählen neben der Turbulenz und Böigkeit der oberflächennahen Strömung vor allem die **Windrichtung**, der **Niederschlag** und die **Luftfeuchtigkeit**. So können Turbulenzen auch in kleineren Böen mit erheblichen Windgeschwindigkeiten verbunden sein. Die Windrichtung gestattet in der Regel auch Rückschlüsse auf die Feuchteeigenschaften der Luftmasse. Der von den Witterungsbedingungen abhängige Feuchtezustand des Bodens nimmt über die Kohäsion entscheidenden Einfluss auf die Aggregatstabilität und damit auf den aktuellen Erosionswiderstand des Bodens. Er ist somit verantwortlich für die Bereitstellung entsprechender Mengen verwehbaren Bodenmaterials.

Entsprechend der Lage Schleswig-Holsteins im nördlichen Bereich der planetarischen Westwindzone überwiegen im Jahresdurchschnitt Winde aus westlichen Richtungen. Betrachtet man allein die Windgeschwindigkeit, ließen sich etwa 20% der im langjährigen Mittel an der Nordseeküste auftretenden Westwinde als potenziell erosiv einstufen. Ihre Häufigkeit nimmt nach Osten auf 11 bis 16% ab (HASSENPFLUG 1998). Da die Westwinde in der Regel mit höherer Luftfeuchtigkeit und mehr Niederschlag verbunden sind, führen sie in der Regel jedoch nicht zu nennenswerten Auswehungen.

Dagegen sind Ostwetterlagen mit Hochdruckgebieten über Skandinavien oder Russland in der Regel mit dem Herantransport trockener Luftmassen und damit geringerer Bewölkung verbunden. Die hierbei auftretenden östlichen Winde führen zur raschen Austrocknung der Bodenoberfläche und bei Überschreiten der bodenspezifischen Schwellenwindgeschwindigkeit zu entsprechend starkem Bodenabtrag.

Wie das Beispiel Leck exemplarisch für die nordwestliche Geest zeigt (Tabelle 5), beträgt der Anteil potenziell erosionsauslösender Winde an der Gesamtheit der zwischen März und Mai gemessenen Windstunden etwa 22%. Winde aus östlichen Richtungen (NO – SO) sind daran mit 40% beteiligt (vgl. Abbildung 4).

Windverhältnisse	Februar - Mai	März - Mai
Anteil der Winde mit Stundenmittelwerten ≥7 m/s an allen Windstunden im genannten Zeitraum (in %)	23,1	21,5
Anteil der Ostwinde (NO-SO) mit Stundenmittelwerten ≥7 m/s an allen Windstunden ≥7 m/s (in %)	39,7	40,3
Anteil der Westwinde (NW-SW) mit Stundenmittelwerten ≥7 m/s an allen Windstunden ≥7 m/s (in %)	50,7	50,3
Mittlere Anzahl an Tagen mit Winden ≥7m/s (mindestens 1 Windstunde mit einem Stundenmittel ≥7m/s)	64	49

Tabelle 5: Anteil erosiver Winde in Prozent der Windstunden und mittlere Anzahl potenzieller Winderosionsereignistage für die Monate Februar bis Mai (Station Leck, Zeitraum 1975 bis 2002). Datengrundlage: DWD (o. J.)

Bei ausschließlicher Betrachtung der Windgeschwindigkeit wären theoretisch an jedem zweiten Tag innerhalb dieses Zeitraumes die Voraussetzungen für das Auftreten von Winderosion gegeben. Bezieht man jedoch den im Gebiet herrschenden Bodenfeuchtezustand und das Niederschlagsgeschehen mit ein, verringert sich die Anzahl der Tage mit potenziell erosiven Witterungsbedingungen erheblich (Abbildung 5). Bei Beschränkung auf solche Verhältnisse, an denen erosive Winde mit einer Wirkdauer von mindestens 1 Windstunde bei einer mittleren Windgeschwindigkeit ≥ 7 m/s und fehlendem Niederschlag auf eine abtrocknende Bodenoberfläche treffen, ergeben sich für die nordwestliche Geest im langjährigen Mittel 39 potenzielle Winderosionstage zwischen Februar und Ende Mai. Bei einer Wirkdauer von drei zusammenhängenden Windstunden nimmt die durchschnittliche Anzahl potenzieller Winderosionstage auf 14 Tage/Jahr ab.

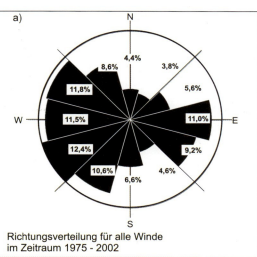

a) Richtungsverteilung für alle Winde im Zeitraum 1975 - 2002

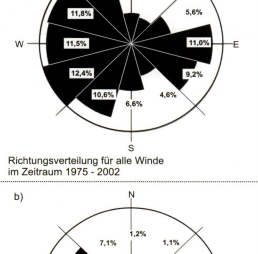

b) Richtungsverteilung von Winden mit Geschwindigkeiten ≥ 7 m/s im Zeitraum 1975 - 2002

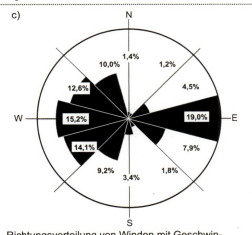

c) Richtungsverteilung von Winden mit Geschwindigkeiten ≥ 7 m/s für die Monate März, April und Mai im Zeitraum 1975 - 2002

Abbildung 4: Windrichtungsverteilung an der Station Leck (Nordfriesland) für unterschiedliche Zeiträume und Windstärken (Berechnungsgrundlage: Stundenmittelwerte der Windgeschwindigkeit in 10 m Höhe für den Zeitraum 1975 bis 2002). Datengrundlage: DWD (o. J.)

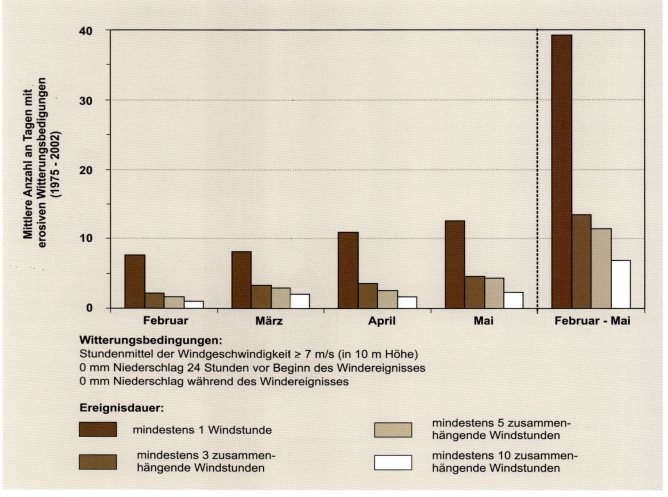

Abbildung 5: Mittlere Anzahl an Tagen mit erosiven Witterungsbedingungen am Beispiel der Klimamessstation Leck (Nordfriesland). Datengrundlage: DWD (o. J.)

3.2 Wo die Böden am anfälligsten sind: Die regionale Differenzierung der Bodenerodierbarkeit

Die Erodierbarkeit des Bodens wird maßgeblich von der Korngrößenzusammensetzung und dem Humusgehalt bestimmt. Sie hängt darüber hinaus wesentlich von der Aggregierung und vom Feuchtezustand des Oberbodens ab. Aggregierung führt zur Bildung größerer und schwererer Partikel, die vom Luftstrom nicht oder nur bei extrem hohen Windgeschwindigkeiten angehoben und verfrachtet werden können (Tabelle 6). Ähnlich wirken höhere Wassergehalte. So ist das Ausmaß der Bodenauswehung umgekehrt proportional zum Quadrat der Bodenfeuchte (SCHEFFER/SCHACHTSCHABEL 1998). Da die Oberbodenfeuchte im Witterungsverlauf stark variiert, ist auch die davon abhängige Erodierbarkeit raschen zeitlichen Veränderungen unterworfen.

Tabelle 6: Mindestgeschwindigkeit des Windes zur Erosion verschiedener Korngrößen. Quelle: CHEPIL & WOODRUFF (1963)

Windgeschwindigkeit (m/s)	Korngröße (mm)	Bodenart
17	0,005 - 0,01	fU - mU
10	0,01 - 0,02	mU
6	0,02 - 0,05	gU
4	0,05 - 0,1	gU - ffS
4	0,1 - 0,15	ffS - fS
5	0,15 - 0,25	fS - mS
11	1,0	gS
16	2,0	gS
18 - 25	2,0 - 5,0	Kies

Unter den Mineralböden zeichnen sich vor allem die trockenen, ton- und humusarmen Sandböden durch eine hohe Anfälligkeit gegenüber Winderosion aus (Tabelle 7). Die höchste Erosionsgefährdung besitzen dabei Fein- und Mittelsande mit Teilchengrößen zwischen 0,1 und 0,5 mm. Böden dieser Korngrößen sind in der Regel nicht oder nur schwach aggregiert. Sie trocknen an ihrer Oberfläche rasch aus und zerfallen dabei zu Einzelkörnern, die frei nebeneinander liegen. Infolge mangelnder Kohäsion zwischen den einzelnen Sandkörnern einerseits und ihres Gewichtes andererseits, können Teilchen der Fein- und Mittelsandfraktion bereits bei vergleichsweise geringen Windgeschwindigkeiten von der Oberfläche abgehoben und mit dem Windstrom abtransportiert werden.

Bodenart (Kurzzeichen nach DIN 4220)	Erodierbarkeit des trockenen Bodens Gehalt an organischer Substanz Massenanteil (%)		
	< 1	1 - 14	15 - 30
T	sehr gering (1)	keine (0)	sehr gering (1)
L, Uu, Ut2-4, Uls, Sl4, St3	gering (2)	sehr gering (1)	gering (2)
Us, Slu, Sl3, St2	mittel (3)	gering (2)	mittel (3)
Sl2, Su2, Su3, Su4	hoch (4)	mittel (3)	hoch (4)
mS, gS, mSgs, gSfs, gSms	sehr hoch (5)	hoch (4)	sehr hoch (5)
fSgs, mSfs, fS, ffS, fSms	sehr hoch (5)	sehr hoch (5)	sehr hoch (5)

Tabelle 7: Erodierbarkeit von trockenen vegetationsfreien Böden bei unterschiedlichen Gehalten an organischer Substanz. Quelle: DIN 19706 (NAW 2004, S. 6)

Verglichen mit Fein- und Mittelsanden verringert sich die Erodierbarkeit des Bodens sowohl mit zunehmender als auch mit abnehmender Korngröße. Ursachen hierfür sind einerseits das zunehmende Teilchengewicht gröberer Partikel und andererseits die mit abnehmender Korngröße verbesserte Kohäsion und Aggregierung. Mineralteilchen und Bodenaggregate mit einem Durchmesser von mehr als 0,84 mm gelten unter den gegebenen Windgeschwindigkeiten als nicht mehr erodierbar (CHEPIL 1942, WOODRUFF & SIDDOWAY 1965, FUNK & REUTER 2006).

Infolge einer höheren Gefügestabilität und Kohäsion zeichnen sich lehmige und sandig-lehmige Böden unter den herrschenden klimatischen Bedingungen nur durch eine geringe Erodierbarkeit aus. Sie sind somit nicht oder nur sehr selten von Winderosion betroffen. Bei extremer Trockenheit, fehlendem Bewuchs und entsprechend hohen Windgeschwindigkeiten können sie jedoch erhebliche Mengen an Staub freisetzen. Gleiches trifft auch auf bindige grobschluffreiche Böden zu.

Besonders anfällig gegenüber Winderosion sind die ackerbaulich genutzten, entwässerten und degradierten Moorböden. Die häufig vermulmten Oberböden besitzen ein schwer benetzbares Feinkorngefüge aus organischer Substanz und sind durch einen Mangel an größeren Aggregaten gekennzeichnet. Infolge ihres geringen Gewichtes und fehlender Aggregierung werden die organischen Teilchen leicht ausgeweht.

Von den vier Hauptnaturräumen Schleswig-Holsteins sind **vor allem die Vorgeest (VG) und große Teile der Hohen Geest (HG)** von Bodenauswehungen betroffen. Ihre sandigen Böden sind ebenso wie die **entwässerten Moorbodenstandorte** sehr leicht erodierbar. So benennt die aus den 1950er Jahren stammende Darstellung der Auswehungsgefährdung von IWERSEN (1953) die waldarme, windoffene Geest im Norden des Landesteiles Schleswig – wie die Lecker Geest (HG), den Nordwesten der Schleswiger Vorgeest (VG) und die Bredstedt-Husumer Geest (HG) – als Kerngebiete der Winderosion. Eine erhöhte Winderosionsdisposition haben nach den Arbeiten von RICHTER (1965) und IWERSEN (1953) auch der Südteil der Schleswiger Vorgeest (VG) und der Westen der Heide-Itzehoer Geest (HG) (Karte 2). Gleiches gilt für den Raum um St. Michaelisdonn und Rendsburg sowie für den westlichen Teil des heutigen Landkreises Rendsburg-Eckernförde. Dagegen werden die Barmstedt-Kisdorfer Geest (HG) und die Holsteiner Vorgeest (VG) hinsichtlich ihres flächenhaften Winderosionsrisikos als mäßig eingestuft (s. RICHTER 1965). Die südöstlichen Naturräume Schleswig-Holsteins – wie die Lauenburger Geest (HG) und die Hagenower Sandplatte (VG) – weisen mit Ausnahme kleinerer Flächen mit mäßiger und mittlerer Erosionsgefährdung eine vergleichsweise geringe Winderosionsanfälligkeit auf.

Im Unterschied zu den Geestböden sind die **Böden des Östlichen Hügellandes nicht** in nennenswertem Umfang von Auswehungen bedroht. Ausnahmen bilden die von Flugsanden bedeckten Binnensander bei Flensburg und Bokelholm, die vereinzelt vorkommenden Dünen, z. B. bei Stolpe und am Tresssee und die entwässerten Niedermoore, z. B. entlang des Oldenburger Grabens. Eine ebenfalls nur geringe Erodierbarkeit kennzeichnet die Böden der **Marsch**.

Die Anfälligkeit der Böden Schleswig-Holsteins gegenüber Verwehung zeigt die Karte der Bodenerodierbarkeit (Karte 3). Ihrer Abschätzung liegt die Bodenübersichtskarte 1:200.000 (BÜK 200) (Bundesanstalt für Geowissenschaften und Rohstoffe in Zusammenarbeit mit den Staatlichen Geologischen Diensten der Bundesrepublik Deutschland, 2010) zugrunde. Die Erodierbarkeitsstufen sind nach DIN 19706 (NAW 2004) klassifiziert und gelten nur für trockene und vegetationsfreie Mineralböden (s. Tabelle 7).

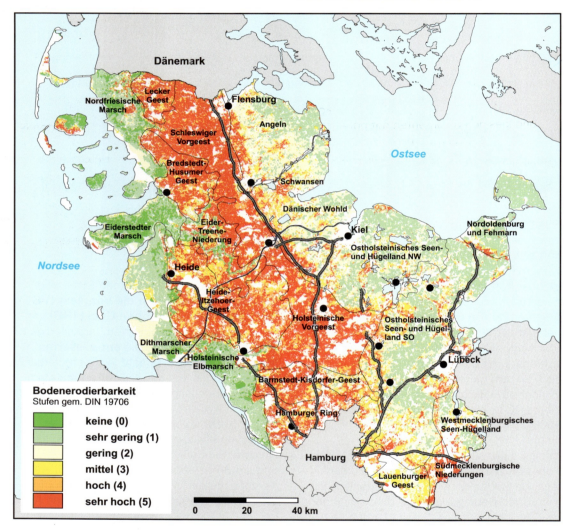

Karte 3: Erodierbarkeit der Böden in Schleswig-Holstein

Tabelle 8: Flächenanteile der Bodenerodierbarkeitsklassen an der landwirtschaftlich genutzten Fläche in Schleswig-Holstein

Stufe der Bodenerodierbarkeit nach DIN 19706		Fläche (ha) [1]	Flächenanteil [1] (%)
0	keine	105.687	9,8
1	sehr gering	321.324	29,8
2	gering	137.183	12,7
3	mittel	115.014	10,7
4	hoch	11.439	1,1
5	sehr hoch	386.077	35,9

[1] Bezugsfläche: Feldblockfläche Schleswig-Holsteins

Insgesamt weisen 37% der Böden eine hohe Erodierbarkeit auf, während 52% der Böden nicht oder nur in geringem Maße durch Wind erodierbar sind. 11% der Böden zeichnen sich durch eine mittlere Erodierbarkeit aus (Tabelle 8).

Exkurs: Böden der Geest

Nach den geologischen Entstehungsbedingungen, dem Aufbau des oberflächennahen Untergrundes und nach ihren Oberflächenformen lässt sich die Geest in die Hohe Geest und die Vorgeest gliedern. Während die Altmoränenlandschaft der Hohen Geest eine sanftwellige Oberfläche aufweist, ist die Vorgeest nahezu eben. Den Untergrund der auch als Sandergeest oder Niedere Geest bezeichneten Vorgeest bilden mehrere Meter bis Zehnermeter mächtige Schmelzwassersande der letzten Eiszeit. Sie ist nur leicht nach Westen geneigt. Mit zunehmender Entfernung von der weichselzeitlichen Eisrandlage, die etwa der Linie Flensburg – Schleswig – Neumünster folgt, treten in der Sandergeest zusehends feiner werdende Sande auf. Im Unterschied zu den in Gletschernähe abgelagerten, grobkörnigen und kiesigen Sedimenten mit höheren Anteilen an leicht verwitterbaren Mineralen wird die Sandergeest von Mittelsanden mit einer mehr oder weniger hohen Feinsandkomponente dominiert. Sie werden häufig von einer dünnen Flugsandschicht bedeckt. Stellenweise reichen saalezeitliche Geschiebelehme an die Oberfläche heran oder ragen als kleinere Moräneninseln aus der Sanderebene heraus. An ihrer Oberfläche ist vielfach eine Deckschicht aus Fließerden oder Geschiebedecksanden ausgebildet.

Ein für die Sandergeest charakteristisches Formenelement sind die **Binnendünen** (s. Kap. 1). Deren Entstehung geht vielfach auf spätweichselzeitliche Auswehungsprozesse zurück. Dabei wurden die aus den trocken fallenden und unbewachsenen Sanderflächen ausgeblasenen Sande zu ausgedehnten Dünenfeldern zusammengeweht oder als Flugsanddecken auf den Schmelzwassersanden abgelagert. Eine weitere Phase intensiver Dünenbildung datiert in das Mittelalter, wo die Waldrodung und die Ausdehnung des Ackerbaus zu einer erneuten Mobilisierung der Sandflächen und zur Aufwehung von Dünen führten (s. Kap. 5.1). In den grundwassernahen Lagen, den Niederungen und im Bereich der Schmelzwasserrinnen entwickelten sich ausgedehnte Hoch- und Niedermoore, von denen heute aufgrund von Meliorationsmaßnahmen und Torfgewinnung nur noch Restvorkommen erhalten sind.

Naturraum	Bodengesellschaft/ Landschaftstyp	Variante	Typische Leitböden	Typische Begleitböden
Hohe Geest	überwiegend sandige Endmoränen und Randlagen ohne Flugsandbedeckung	Geschiebedecksand, Geschiebesand	Braunerde, Podsol, Podsol-Braunerde	Parabraunerde-Br.
		Geschiebelehm in Oberflächennähe	Pseudogley-Br.	Br.-Pseudogley
	überwiegend sandige Endmoränen und Sande mit Flugsandbedeckung	Flugsand u. Geschiebedecksand über Geschiebesand oder Schmelzwassersand	Podsol-Braunerde, Braunerde-Podsol	Podsol (bei Zunahme der Flugsanddecke)
		Geschiebedecksand über Fließerde oder Geschiebelehm		Pseudogley-Br. Braunerde über Parabraunerde
	Stauchmoränen mit stark wechselnden Bodenausgangsgesteinen	Geschiebedecksand über Geschiebesand	Braunerde	Br.-Parabraunerde Parabraunerde-Br.
		Fließerde über Geschiebelehm	Pseudogley, Parabraunerde	Pseudogley-Br.
	Grundmoränen	Fließerde oder Geschiebedecksand über Geschiebelehm	Pseudogley	
		zunehmende Fließerde- oder Decksandmächtigkeit		Braunerde Pseudogley-Br.
		Flugsand über Geschiebelehm		Pseudogley-Podsol
		grundwasserbeeinflusste Senken		Gley
	Niederungen der Hohen Geest	Geschiebe(deck)sand	Gley	Gley-Podsol
		Geschiebelehm		Pseudogley-Gley
		vernässte Senken und Niederungen	Niedermoor Hochmoor	
	Dünen		Podsol Regosol (bei jüngeren Dünen)	Regosol über Podsol
Vorgeest (Sandergeest)	Grundwasserferne Sanderebene ohne Flugsandüberdeckung	vernässte Senken und Niederungen	Braunerde	Podsol-Braunerde Braunerde-Podsol
		im Randbereich zur Jungmoräne		Niedermoor
	Grundwasserferne Sanderebene mit Flugsanddecke		Podsol	Braunerde-Podsol Gley-Podsol
	Grundwassernahe Sanderebene		Gley-Podsol	Podsol-Gley Anmoorgley Moor-Podsol
	Niederungen der Vorgeest		Niedermoor Hochmoor	Moor-Podsol
	Dünen		Podsol Regosol (bei jüngeren Dünen)	Regosol über Podsol

Tabelle 9: Bodengesellschaften der Geest und ihre Leit- und Begleitböden. Quelle: nach LANU (2008), leicht verändert

Karte 4:
Die Bodengesellschaften der schleswig-holsteinischen Geest (Quelle: BGR (o. J.): Bodenübersichtskarte im Maßstab 1 : 200.000)

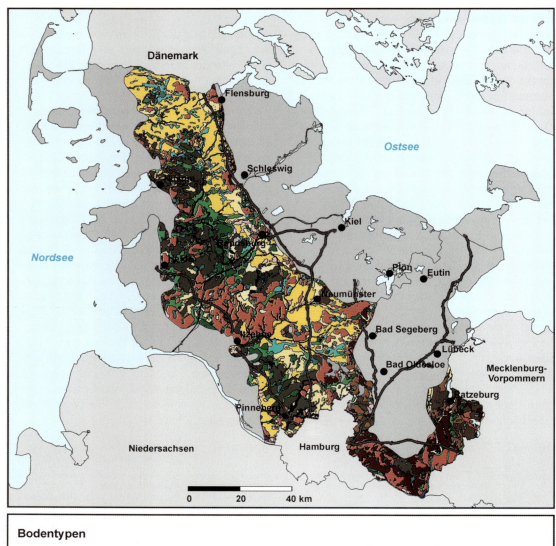

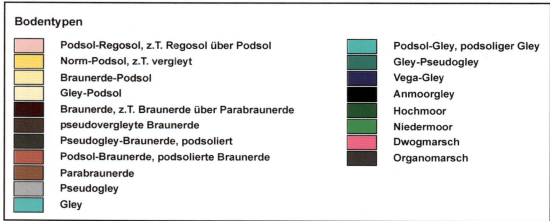

Die Verbreitung der Bodengesellschaften in der schleswig-holsteinischen Geest stellt Karte 4 dar. Eine Übersicht über die Bodengesellschaften der Geest und ihre Leit- und Begleitböden gibt Tabelle 9.

Die Bodengesellschaft der Sanderebene

Trotz ihres einheitlichen Ausgangssubstrates aus quarzreichen, silikatarmen und fein- bis mittelkörnigen Schmelzwassersanden, die nicht selten von einer dünnen Flugsandschicht überdeckt sind, zeichnet sich die Sandergeest durch einen kleinräumigen Wechsel der Bodentypen und -subtypen aus. Ein wesentlicher Grund hierfür ist der mit der Geländehöhe variierende Grundwasserflurabstand (Abbildung 6). Schon geringe Höhenunterschiede von wenigen Dezimetern entscheiden darüber, ob Podsole, Gley-Podsole (Abbildung 7), Podsol-Gleye oder reine Gleye ausgebildet sind (FLEIGE u. a. 2006). Auf Standorten mit wenig schwankendem Grundwasserspiegel und eisen- und manganreichem Grundwasser treten vielfach Brauneisengleye (Abbildung 8) auf. In ihrem Grundwasserschwankungsbereich finden sich häufig stark verfestigte Eisenkonkretionen (Duttmann u. a. 2004). Bei hoch anstehendem Grundwasser treten zusätzlich Anmoorgleye (vererdete Moorgleye), Niedermoorgleye und schließlich Niedermoore auf.

Der dominierende Bodentyp – und Leitboden auf den grundwasserfernen Standorten der Sanderebene schlechthin – **ist der Podsol**. Seine Entwicklung wurde durch die vom Mittelalter bis in die Neuzeit andauernde großflächige Heidenutzung und durch die Aufforstung von Flugsandfeldern und Binnendünen mit Nadelhölzern seit Ende des 19. Jahrhunderts gefördert. Durch das geringe Wasserspeichervermögen, die Nährstoffarmut und das geringe Nährstoffbindungsvermögen einerseits und das häufige Auftreten stark verfestigter Orterde- oder Ortsteinhorizonte unmittelbar unter dem sauer gebleichten Oberboden andererseits, war die ackerbauliche Nutzung der Podsole über lange Zeit hinweg eingeschränkt. Erst durch den Einsatz von Tiefpflügen konnte die Ortsteinschicht (Bild 11) aufgebrochen werden, so dass die Podsole nach anschließender Aufmergelung, Mineraldüngung und Kalkung ackerbaulich nutzbar wurden. Die Ertragssicherheit auf den ehemaligen Heideböden blieb jedoch beschränkt, da vor allem auf den grundwasserfernen Standorten häufig Trockenschäden zur niederschlagsarmen Hauptwachstumszeit im Frühsommer auftreten (Degn & Muuss 1979, Hannesen 1959). Die zumeist schlechten wasserhaushaltlichen Eigenschaften der Podsole und die eingeschränkte Wasserversorgung der auf ihnen wachsenden Kulturpflanzen spiegeln sich in der Bezeichnung **Brennerboden** wider. Sie beschreibt den Umstand, dass die Böden bzw. die auf ihnen angebauten Ackerpflanzen in Trockenzeiten bei Unterschreiten eines Mindestwertes der Wasserversorgung sprichwörtlich „ausbrennen" (Iwersen 1953, S. 22). Nach der Reichsbodenschätzung sind für die Podsole der Sanderebene je nach Grundwasseranschluss Ackerzahlen zwischen 15 und 30 kennzeichnend.

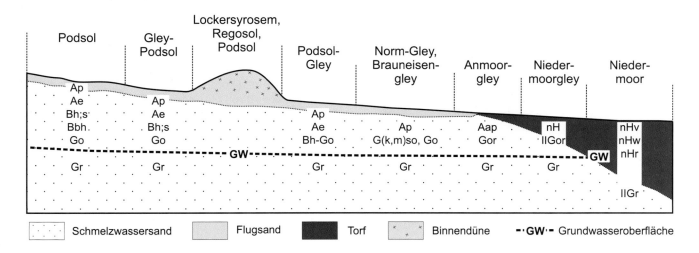

Abbildung 6: Schematisches Profil der Sanderebene: Typische Podsol – Gley – Niedermoor-Bodengesellschaft. Quelle: Duttmann u. a. (2004; Entwurf: P. Hartmann und N. Germeyer)

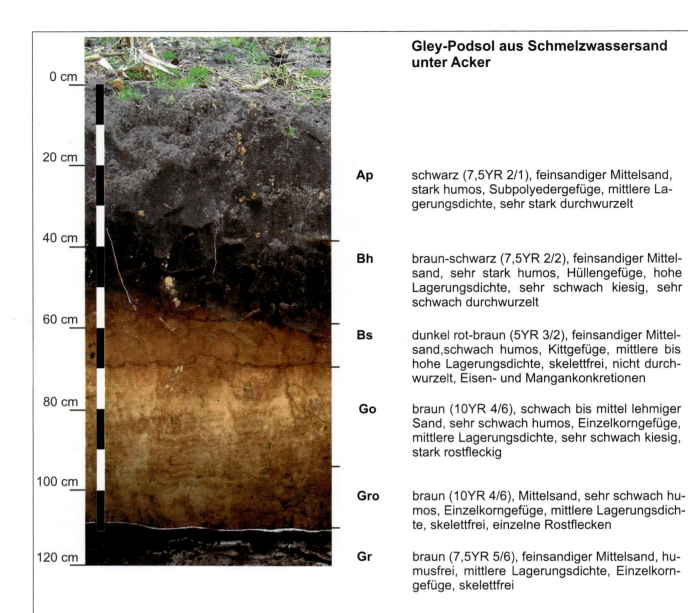

Gley-Podsol aus Schmelzwassersand unter Acker

Ap	schwarz (7,5YR 2/1), feinsandiger Mittelsand, stark humos, Subpolyedergefüge, mittlere Lagerungsdichte, sehr stark durchwurzelt
Bh	braun-schwarz (7,5YR 2/2), feinsandiger Mittelsand, sehr stark humos, Hüllengefüge, hohe Lagerungsdichte, sehr schwach kiesig, sehr schwach durchwurzelt
Bs	dunkel rot-braun (5YR 3/2), feinsandiger Mittelsand, schwach humos, Kittgefüge, mittlere bis hohe Lagerungsdichte, skelettfrei, nicht durchwurzelt, Eisen- und Mangankonkretionen
Go	braun (10YR 4/6), schwach bis mittel lehmiger Sand, sehr schwach humos, Einzelkorngefüge, mittlere Lagerungsdichte, sehr schwach kiesig, stark rostfleckig
Gro	braun (10YR 4/6), Mittelsand, sehr schwach humos, Einzelkorngefüge, mittlere Lagerungsdichte, skelettfrei, einzelne Rostflecken
Gr	braun (7,5YR 5/6), feinsandiger Mittelsand, humusfrei, mittlere Lagerungsdichte, Einzelkorngefüge, skelettfrei

Profilmerkmale

Horizont	Tiefe (cm)	gS	mS	fS	ffS	U	T	Bodenart	pH (CaCl$_2$)	org. Substanz (%)	Gesamt-N (%)	P$_2$O$_5$ DL (mg / kg)
Ap	- 30	1,4	59,6	23,2	9,8	4,0	3,2	mSfs	4,7	6,6	0,23	285,8
Bh	- 50	0,9	70,2	20,3	4,7	2,0	2,0	mS	5,1	9,5	0,20	66,2
Bs	- 70	0,3	70,3	21,6	4,4	0,6	2,8	mSfs	5,2	1,5	0,02	84,0
Go	- 100	5,0	32,5	19,6	17,6	16,9	8,4	Sl3	5,2	0,7	0,00	169,8
Gro	- 120	3,7	80,2	11,5	1,9	0,4	2,4	mS	5,0	0,6	0,00	99,0
Gr	- 140	2,5	66,2	20,8	8,3	0,9	1,3	mSfs	4,9	0,3	0,29	54,7

Standorteigenschaften

Wasserversorgung	Wasserdurchlässigkeit (kf)	Luftversorgung	Durchwurzelbarkeit	Nährstoffbindung	Erodierbarkeit durch Wind
mittel	sehr hoch	sehr gut	mittel	gering	sehr hoch

Abbildung 7: Bodenprofil eines Gley-Podsols. Quelle: DUTTMANN u. a. (2004)

Brauneisengley aus Schmelzwassersand (Tiefumbruchboden) unter Grünland
Tiefumbruch: 1913

(R-)Ah bräunlich schwarz (7,5YR 3/1), feinsandiger Mittelsand, sehr schwach kiesig, mittel humos, Subpolyedergefüge, mittlere Lagerungsdichte, extrem stark durchwurzelt, Rostflecken

(R-)rAp bräunlich schwarz (7,5YR 3/1), feinsandiger Mittelsand, sehr schwach kiesig, mittel humos, Subpolyedergefüge, mittlere Lagerungsdichte, mittel durchwurzelt, zahlreiche Rostflecken

R+Gkso dunkelbraun (7,5YR 3/3), feinsandiger Mittelsand, sehr schwach humos, Subpolyedergefüge, mittlere Lagerungsdichte, zahlreiche miteinander verkittete Raseneisensteinkonkretionen (Durchmesser 15-25 mm), nicht durchwurzelt.

Go braun (10YR 4/6), mittelsandiger Feinsand, humusfrei, skelettfrei, Einzelkorngefüge, mittlere Lagerungsdichte, sehr stark rostfleckig

Gro gelblich braun (2,5YR 5/4), mittelsandiger Feinsand, humusfrei, skelettfrei, Einzelkorngefüge, mittlere Lagerungsdichte, einzelne Rostflecken

Gor gelblich braun (2,5Y 5/3), mittelsandiger Feinsand, sehr schwach humos, skelettfrei, Einzelkorngefüge, mittlere Lagerungsdichte, Grundwasser in 90 cm Tiefe

Profilmerkmale

Horizont	Tiefe	Gew.-% kalk- und humusfreier Feinboden						Bodenart	pH (CaCl$_2$)	org. Substanz	Gesamt-N	P$_2$O$_5$ DL
	(cm)	gS	mS	fS	ffS	U	T			(%)	(%)	(mg / kg)
(R-)Ah	- 8	1,8	46,1	29,4	13,6	5,9	3,2	mSfs	5,1	5,2	0,18	106,6
(R-)rAp	- 25	1,8	46,1	29,4	13,6	5,9	3,2	mSfs	5,1	5,2	0,18	106,6
R+Gkso	- 57	2,2	56,7	24,8	9,3	4,5	2,5	mSfs	5,3	0,7	0,00	8,4
Go	- 65	0,2	36,6	40,6	17,5	1,6	3,5	fSms	5,5	0,1	0,00	28,3
Gro	- 80	0,2	36,6	40,6	17,5	1,6	3,5	fSms	5,5	0,1	0,00	28,3
Gor	-100	0,4	35,0	39,5	17,2	2,9	5,0	fSms	5,4	0,8	0,00	26,5

Standorteigenschaften

Wasserversorgung (nFKWe)	Wasserdurchlässigkeit (kf)	Luftversorgung	Durchwurzelbarkeit	Nährstoffbindung	Erodierbarkeit durch Wind
sehr hoch	sehr hoch	sehr gut	mittel	gering	Grünl. sehr gering Acker: sehr hoch

Abbildung 8: Brauneisengley aus einem Tiefumbruchboden. Quelle: DUTTMANN u. a. (2004)

Bild 11: Ortsteinbruchstück auf der Oberfläche eines Ackerbodens (Foto: R. Duttmann)

Die Bodengesellschaft der Binnendünen

Binnendünen und Flugsandablagerungen treten sowohl in der Vorgeest als auch in der Hohen Geest auf. Sie zeigen ein breites Spektrum an Böden unterschiedlicher Entwicklungsgrade. Die unterschiedlichen Entwicklungsstadien spiegeln dabei die Dauer von Stabilitätsphasen (Bodenbildungsphasen) und Aktivitätsphasen (Aufwehungs- und Abtragsphasen) wider (FLEIGE u. a. 2006). So sind beispielsweise in Binnendünen, in denen noch Sandbewegung stattfindet, Lockersyroseme, Regosole und Podsol-Regosole eng miteinander vergesellschaftet. In den älteren, von Heide oder Nadelforsten bedeckten Dünen dominieren dagegen Podsole, die zumeist als Eisenhumuspodsole ausgebildet sind (Bild 12). Nicht selten treten in den Binnendünen auch Regosole über begrabenen Podsolen auf. Sie geben Hinweis auf jüngere Aufwehungen, in denen nach Festlegung eine erneute Bodenbildungsphase einsetzen konnte. Ein nach neuzeitlicher Sandaufwehung über einem Eisenhumuspodsol gebildeter Podsol-Regosol ist in Abbildung 9 dargestellt. Auf Flächen zwischen den Dünenkomplexen sind Podsol-Gleye, Gleye und Niedermoore miteinander vergesellschaftet. Letzteren kann eine Flugsanddecke aufliegen, so dass hier ein Podsol-Regosol über Niedermoor ausgebildet ist.

Bild 12: Eisenhumus-Podsol unter Heidevegetation - Binnendüne bei Lütjenholm (Foto: R. Duttmann)

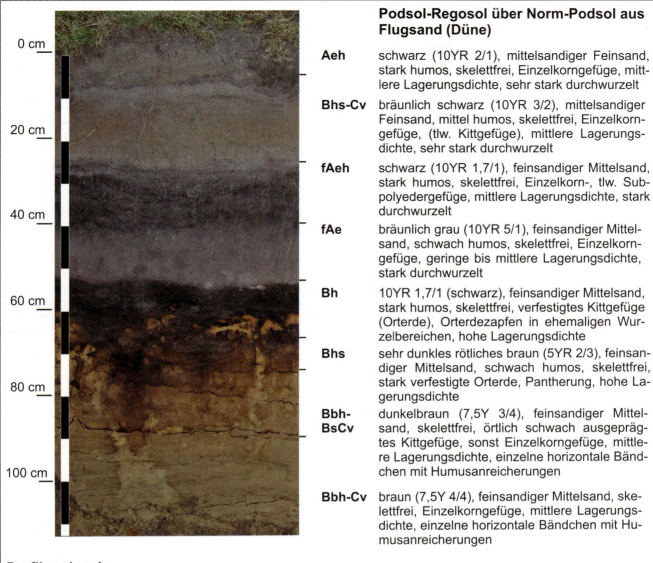

Podsol-Regosol über Norm-Podsol aus Flugsand (Düne)

Aeh	schwarz (10YR 2/1), mittelsandiger Feinsand, stark humos, skelettfrei, Einzelkorngefüge, mittlere Lagerungsdichte, sehr stark durchwurzelt
Bhs-Cv	bräunlich schwarz (10YR 3/2), mittelsandiger Feinsand, mittel humos, skelettfrei, Einzelkorngefüge, (tlw. Kittgefüge), mittlere Lagerungsdichte, sehr stark durchwurzelt
fAeh	schwarz (10YR 1,7/1), feinsandiger Mittelsand, stark humos, skelettfrei, Einzelkorn-, tlw. Subpolyedergefüge, mittlere Lagerungsdichte, stark durchwurzelt
fAe	bräunlich grau (10YR 5/1), feinsandiger Mittelsand, schwach humos, skelettfrei, Einzelkorngefüge, geringe bis mittlere Lagerungsdichte, stark durchwurzelt
Bh	10YR 1,7/1 (schwarz), feinsandiger Mittelsand, stark humos, skelettfrei, verfestigtes Kittgefüge (Orterde), Orterdezapfen in ehemaligen Wurzelbereichen, hohe Lagerungsdichte
Bhs	sehr dunkles rötliches braun (5YR 2/3), feinsandiger Mittelsand, schwach humos, skelettfrei, stark verfestigte Orterde, Pantherung, hohe Lagerungsdichte
Bbh-BsCv	dunkelbraun (7,5Y 3/4), feinsandiger Mittelsand, skelettfrei, örtlich schwach ausgeprägtes Kittgefüge, sonst Einzelkorngefüge, mittlere Lagerungsdichte, einzelne horizontale Bändchen mit Humusanreicherungen
Bbh-Cv	braun (7,5Y 4/4), feinsandiger Mittelsand, skelettfrei, Einzelkorngefüge, mittlere Lagerungsdichte, einzelne horizontale Bändchen mit Humusanreicherungen

Profilmerkmale

Horizont	Tiefe (cm)	Gew.-% kalk- und humusfreier Feinboden						Bodenart	pH (CaCl$_2$)	org. Substanz (%)	Gesamt-N (%)	P$_2$O$_5$ DL (mg/kg)
		gS	mS	fS	ffS	U	T					
Aeh	-5	0,2	34,2	41,8	19,8	2,2	1,8	fSms	3,3	7,3	0,22	24,0
Bhs-Cv	-27	0,5	44,1	34,4	16,3	1,5	3,3	fSms	4,0	2,4	0,06	19,7
fAhe	-40	0,6	47,4	32,6	11,4	1,7	6,3	mSfs	3,6	6,0	0,08	7,2
fAe	-53	0,7	52,0	32,9	11,6	1,2	1,8	mSfs	3,7	1,0	0,00	4,4
Bh	-64	0,8	50,5	32,0	11,9	1,2	3,8	mSfs	2,6	6,5	0,03	17,7
Bhs	-72	0,5	50,5	34,0	11,9	0,9	2,5	mSfs	4,2	1,6	0,00	176,4
Bbh-BsCv	-90	0,6	51,7	32,4	12,5	0,2	2,8	mSfs	4,5	0,5	0,00	53,9
Bbh-Cv	90+	2,2	51,5	32,2	12,1	0,5	1,6	mSfs	4,7	0,2	0,00	18,1

Standorteigenschaften

Wasserversorgung	Wasserdurchlässigkeit (kf)	Luftversorgung	Durchwurzelbarkeit	Nährstoffbindung	Erodierbarkeit durch Wind
gering	sehr hoch	sehr gut	mittel	gering	sehr hoch

Abbildung 9: Podsol-Regosol über begrabenem Podsol aus Dünensand. Quelle: DUTTMANN u. a. (2004)

Die Bodengesellschaft der saaleeiszeitlichen Moränen

Eine Besonderheit in der sonst flachen Sanderebene sind vereinzelt auftretende Reste saalezeitlicher Geschiebelehme. Diese ragen teilweise als gestauchte Endmoränen-Kuppen aus der ebenen und grundwasserbeeinflussten Sanderlandschaft deutlich heraus und werden vielfach von Flugsanden oder Geschiebedecksanden überlagert. Ein Beispiel hierfür ist der südlich von Goldelund gelegene Moränenrest, der dem Warthe II-Stadium zugeordnet wird (STREHL 1999; Abbildung 10). Während seine ostwärts gerichteten Hänge eine geringmächtige Flugsandauflage tragen, stehen auf der Westseite periglaziär aufgearbeitete Geschiebelehme an, die im oberen Bereich versandet sind. Für diese auf der Altmoräne auftretenden und aus steinfreien, feinsandigen Mittelsanden bestehenden Geschiebedecksande wird vielfach ein äolischer Ursprung angenommen (FRÄNZLE 1985). Ihre Entstehung wird in die kälteste Zeit des Weichselhochglazials datiert. Unter dem Einfluss eines extrem trocken-kalten Klimas war das Gebiet der heutigen Sandergeest zu dieser Zeit durch das Auftreten einer nahezu vegetationsfreien Frostschutttundra geprägt. Die vom östlich gelegenen Weichselgletscher über die vegetationslose Oberfläche streichenden kalten Fallwinde führten zur Auswehung von mineralischem Feinmaterial und zur Ablagerung von Sanddecken in Bereichen mit höherer Oberflächenrauigkeit. Diese wurden unter den auch in der Folgezeit herrschenden Periglazialbedingungen kryoturbat (Bodenumlagerung durch einen ständigen Wechsel von Auftauen und Wiedergefrieren), mit den im Liegenden befindlichen saalezeitlichen Ablagerungen vermischt („verbrodelt").

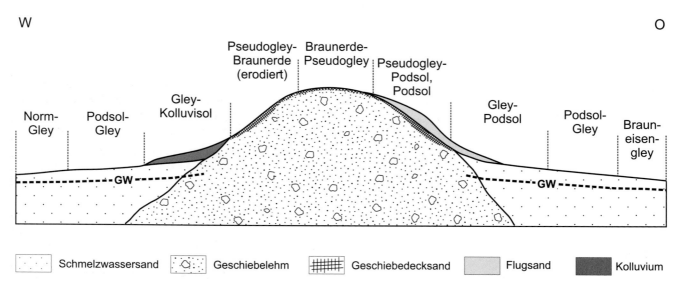

Abbildung 10: Schematisches Profil durch eine erodierte Endmoränenkuppe im Bereich der Sandergeest: Braunerde-Pseudogley – Pseudogley-Braunerde – Pseudogley-Podsol – Gley–Bodengesellschaft. Quelle: Duttmann u. a. (2004; Entwurf: P. HARTMANN und N. GERMEYER)

In Abhängigkeit von der Mächtigkeit der Flugsande bzw. von der Tiefenlage des stauenden Geschiebelehms sind Pseudogley-Podsole oder reine Podsole ausgebildet. An Hängen mit einer Auflage aus Geschiebedecksand dominieren zumeist (erodierte) Pseudogley-Braunerden und Braunerde-Pseudogleye (Abbildung 11). In Hangfußlage treten nicht selten Gley-Kolluvisole auf. Insgesamt sind die aus der flachen Sanderebene hervortretenden Altmoräneninseln aufgrund ihres Reliefs und der unterschiedlichen bodenbildenden Substrate durch eine vergleichsweise hohe Bodenheterogenität gekennzeichnet.

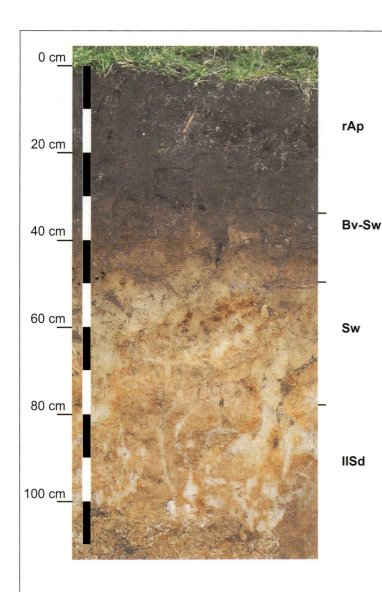

Braunerde-Pseudogley aus Geschiebedecksand über Geschiebelehm

rAp	schwarz (10YR 2/1), schwach schluffiger Sand, mittel humos, sehr schwach steinig, Krümel- bis Subpolyedergefüge, mittlere Lagerungsdichte, extrem stark durchwurzelt
Bv-Sw	schwach gelblich braun (10YR 4/3), feinsandiger Mittelsand, sehr schwach humos, schwach steinig, Subpolyedergefüge, mittlere Lagerungsdichte, stark durchwurzelt, Rostflecken
Sw	schwach gelblich braun (10YR 5/4), Mittelsand, sehr schwach humos, schwach steinig, Subpolyedergefüge, hohe Lagerungsdichte, schwach durchwurzelt
IISd	gelblich braun (10YR 5/6), stark lehmiger Sand (Geschiebelehm)Sand, humusfrei, sehr schwach steinig, Kohärent- Subpolyedergefüge, hohe Lagerungsdichte, sehr schwach durchwurzelt

Profilmerkmale

Horizont	Tiefe	Gew.-% kalk- und humusfreier Feinboden						Bodenart	pH (CaCl$_2$)	org. Substanz	Gesamt-N	P$_2$O$_5$ DL
	(cm)	gS	mS	fS	ffS	U	T			(%)	(%)	(mg / kg)
rAp	- 32	4,4	39,2	24,0	17,5	10,5	4,5	Su2	4,8	2,4	0,08	141,8
Bv-Sw	- 48	4,9	51,4	23,2	16,3	1,5	2,8	mSfs	5,1	1,5	0,07	111,2
Sw	- 78	2,6	79,3	14,0	3,0	0,5	1,0	mS	5,0	0,9	0,04	16,9
IISd	- 110	1,8	32,9	21,9	21,9	12,0	14,2	Sl4	4,1	0,3	0,00	0,6

Standorteigenschaften

Wasserversorgung (nFKWe)	Wasserdurchlässigkeit (kf)	Luftversorgung	Durchwurzelbarkeit	Nährstoffbindung	Erodierbarkeit durch Wind
gering-mittel	mittel	gut	mittel	gering	Grünl. sehr gering Acker: mittel

Abbildung 11: Bodenprofil eines Braunerde-Pseudogleys

3.3 Einflüsse von Fruchtart, Fruchtfolge und Bodenbedeckung

Das Ausmaß des windbedingten Bodenabtrages hängt entscheidend von der Bodenbedeckung durch Pflanzen und Pflanzenrückstände ab. Diese variiert unter ackerbaulicher Nutzung im Jahresverlauf stark. Je nach Feldfrucht und Fruchtfolge ergibt sich ein mehr oder weniger langer Zeitraum mit fehlender oder geringer Bodenbedeckung. Da Bodenauswehungen bereits ab einem Bedeckungsgrad von 25% deutlich vermindert werden, ist ein erhöhtes Abtragsrisiko vor allem bei solchen Feldfrüchten gegeben, denen eine vom Herbst bis ins Frühjahr reichende Brachephase vorangeht. Hierzu zählen alle Sommerfrüchte wie Sommergetreide, Hackfrüchte (z. B. Zuckerrüben, Kartoffeln), Mais und Gemüse. Durch den späten Saataufgang und den weiten Reihenabstand sind Mais (Silo- und Körnermais), Zuckerrüben und Kartoffeln im konventionellen Anbau besonders anfällig gegenüber Auswehung. Dies gilt vor allem für die Frühjahrsmonate, in denen diese Fruchtarten der Bodenoberfläche noch keinen Winderosionsschutz bieten (Bilder 13 und 14). Eine Übersicht über die Schutzwirkungen von Feldfrüchten bei konventionellem Anbau gibt Tabelle 10. Besonders erosionsanfällig sind neben reinen Mais- oder Hackfrucht-Fruchtfolgen vor allem Getreide – Hackfrucht- und Getreide – Mais-Fruchtfolgen mit einem Hackfrucht- bzw. Maisanteil von mehr als 25% (Tabelle 11).

Mit zunehmender Bodenbedeckung und Bedeckungsdauer nimmt die Winderosionsgefährdung ab. So wird der Bodenabtrag bei einem Bodenbedeckungsgrad von 50% um bis zu 95% vermindert. Dementsprechend wirken Maßnahmen, die auf die Erhöhung der Bodenbedeckung abzielen. Das Belassen von Ernterückständen und/oder Stoppeln auf dem Feld, der Anbau von Zwischenfrüchten und das natürliche Auflaufen von Wildkräutern in der Zeit zwischen den Hauptkulturen wirken dem Auftreten von Winderosion spürbar entgegen.

Bild 13: Saatbett für Silomais Anfang April: Ablagerung ausgewehter Sande vor einem Knick (Foto: M. Bach)

Bild 14: Bodenbedeckung von Silomais Anfang Juni: Zwischen den Saatreihen ist ein dünner Schleier aus verwehten Sanden sichtbar. (Foto: R. Gabler-Mieck)

Tabelle 10: Schutzwirkung von Ackerkulturen gegenüber Winderosion. Quelle: NAW (2004, S. 8)

Schutzwirkung von Fruchtarten (Stufe) [1]				
sehr gering (1)	**gering (2)**	**mittel (3)**	**gut (4)**	**sehr gut (5)**
Vegetationsdecke geschlossen ab Sommer	Vegetationsdecke geschlossen ab Frühsommer	Vegetationsdecke geschlossen ab Frühjahr	Vegetationsdecke geschlossen ab Spätherbst	Vegetationsdecke ganzjährig geschlossen
Hülsenfrüchte	**Sommergetreide**	**Wintergetreide**	**Wintergetreide**	**Dauerbegrünung**
- Erbsen	- Sommerweizen	- Winterweizen	- Winterweizen	(Grünland)
- Ackerbohnen	- Sommergerste	- Winterroggen	- Winterroggen	Futterpflanzen
Mais	- Hafer	(Aussaat nach 1.10.)	(Aussaat vor 1.10.)	- Klee
- Körnermais	- So.-Menggetreide	- Wi.-Menggetreide	**Grünbrache**	- Luzerne
- Corn-Cob-Mix	**Sommerraps**		**Winterraps**	- Ackergras
- Silomais	**Flachs**			
Hackfrüchte	**Ölfrüchte**			
- Frühkartoffeln	**Sonnenblumen**			
- Speisekartoffeln				
- Futterkartoffeln				
- Zuckerrüben				
- Runkelrüben				
- Futterkohl				
- Futtermöhren				
Gartenbau				
- Gemüse				
- Blumen				
- Erdbeeren				

[1] nur für konventionellen Ackerbau gültig

Tabelle 11: Schutzwirkung von Fruchtfolgen gegenüber Winderosion. Quelle: NAW (2004, S. 9))

Fruchtfolge	Fruchtanteil (%)	Schutzwirkungsstufe
Getreidefruchtfolgen		
Wintergetreide (Aussaat vor 1.10.)	80% bis 100% Wintergetreide	4
Wintergetreide (Aussaat nach 1.10.)	80% bis 100% Wintergetreide	3
Winter- oder Sommergetreide	> 20% Sommergetreide	3
Getreide - Raps	> 20% Raps	4
Getreide - Hackfrucht - Maisfruchtfolgen		
Wintergetreide - Hackfrucht oder Mais	10% bis < 25% Hackfrucht oder Mais	3
Winter- oder Sommergetreide - Hackfrucht oder Mais	10% bis < 25% Hackfrucht oder Mais und > 20% Sommergetreide	2
	25% bis < 50% Hackfrucht oder Mais	2
	> 50% Hackfrucht oder Mais	1
Ackerfutter - Getreidefruchtfolgen mit mehrjährigen Futterpflanzen		
Ackerfutter - Getreidefruchtfolgen	20% bis 50% Klee, Raps, Luzerne	4

Exkurs: Silomaisanbau in Schleswig-Holstein

Silo- und Körnermais gehören zu den Kulturarten, die aus den zuvor genannten Gründen als besonders **erosionsfördernd** gelten. Während die Körnermaisfläche in Schleswig-Holstein mit 1.300 ha im Jahr 2010 einen Anteil von weniger als 0,2% der Ackerfläche ausmachte, lag der Anteil des mit Silomais bestellten Ackerlandes bei knapp 27%. Dies entspricht einer Fläche von 184.500 ha (Statistikamt Nord 2010). Gegenüber 2003 hat sich die Anbaufläche für Silomaisfläche damit mehr als verdoppelt (Tabelle 12). Ein beschleunigter Flächenzuwachs lässt sich dabei seit 2008 beobachten. Betrug der Zuwachs der Silomaisfläche von 2008 auf 2009 noch etwa 12% so lag die Zuwachsrate im Jahr darauf bereits bei 25%. Mit einer Zunahme auf 194.400 ha (Statistisches Amt für Hamburg und Schleswig-Holstein 2011) erreicht die Anbaufläche für Silomais im Jahr 2011 einen weiteren vorläufigen Höhepunkt (Abbildung 12). Ein wesentlicher Grund für diese Entwicklung ist der vermehrte Anbau von Silomais zur Biogasgewinnung. Schwerpunkträume des Silomaisanbaus sind die Hohe Geest und die Vorgeest. In beiden Naturräumen allein liegen 70% der gesamten Silomaisfläche des Landes. Vergleichsweise hohe Maisanteile sind kennzeichnend für die Gemeinden der nördlich vom Nord-Ostsee-Kanal gelegenen Geestgebiete, wie z. B. die Schleswiger Vorgeest, die Husum-Bredstedter-Geest und die Lecker Geest. Örtlich macht die Silomaisfläche dort 75% der Ackerfläche aus (Karte 5). Die für den Zeitraum von 2003 bis 2007 auf Gemeindebasis ermittelten prozentualen Veränderungen in der Silomaisanbaufläche zeigt Karte 6.

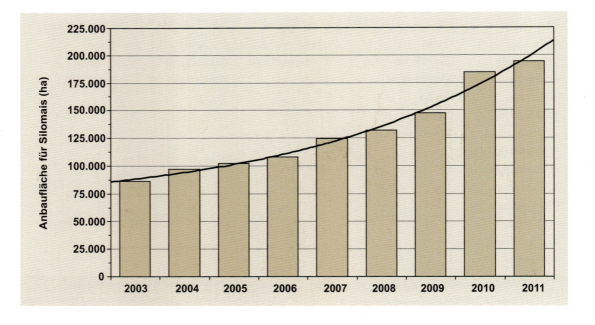

Abbildung 12: Entwicklung der Anbaufläche für Silomais in Schleswig-Holstein seit 2003 und gegenwärtiger Trend. Quelle: Statistikamt Nord (div. Jahrgänge)

Tabelle 12: Veränderungen der landwirtschaftlichen Nutzfläche und der Anbaufläche für Silomais seit 2003 in Schleswig-Holstein in ausgewählten Naturräumen und Gemeinden. Quelle: Statistikamt Nord (div. Jahrgänge)

Landnutzung	2003 ha	2004 ha	2005 ha	2006 ha	2007 ha	2008 ha	2009 ha	2010 ha
Ackerland								
Schleswig-Holstein	627.194	634.777	643.121	643.979	651.470	673.247	667.996	696.100
Hohe Geest	115.513	116.591	121.204	119.233	124.308	136.660	128.469	-
Vorgeest	85.822	87.055	90.838	91.778	95.188	101.978	101.794	-
Goldelund	351	-	-	-	540	-	-	-
Joldelund	314	-	-	-	391	-	-	-
Grünland								
Schleswig-Holstein	381.993	367.325	356.360	345.897	349.043	317.115	317.184	313.892
Hohe Geest	151.564	142.781	140.422	134.092	136.773	124.329	125.061	-
Vorgeest	79.176	76.337	76.623	72.116	68.569	59.114	59.170	-
Goldelund	890	-	-	-	674	-	-	-
Joldelund	1.179	-	-	-	911	-	-	-
Silomais, Grünmais								
Schleswig-Holstein	86.392	96.954	102.408	107.717	124.485	131.833	147.770	184.500
Hohe Geest	35.119	39.931	40.225	41.040	45.947	49.316	54.197	-
Vorgeest	28.045	30.220	34.338	34.937	40.104	42.417	48.770	-
Goldelund	247	-	-	-	383	-	-	-
Joldelund	221	-	-	-	282	-	-	-

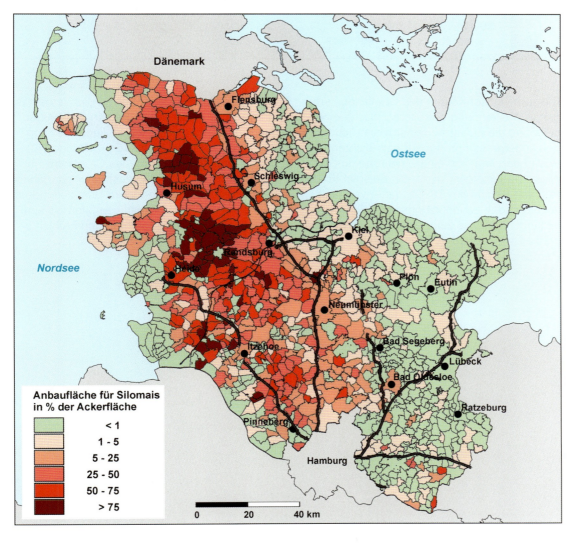

Karte 5: Flächenanteile des Silomaisanbaus in den Gemeinden Schleswig-Holsteins (2007). Quelle: Statistikamt Nord (2009)

Karte 6: Veränderung der Silomaisanbaufläche in den Gemeinden Schleswig-Holsteins (Zeitraum 2003 bis 2007). Quelle: Statistikamt Nord (2005, 2009)

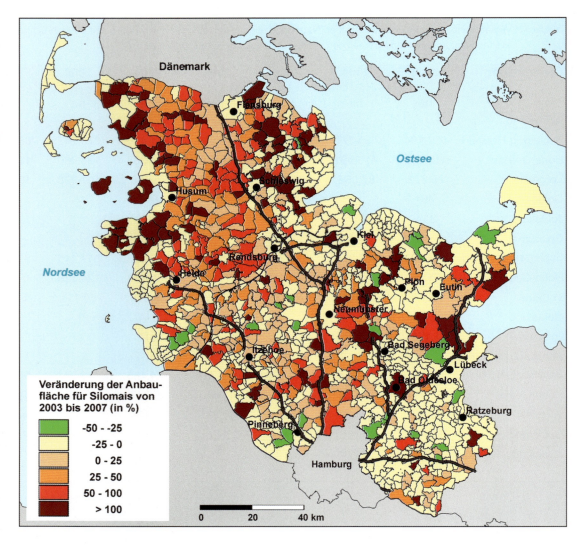

Die zum Teil auf Kosten des Grünlandes erfolgende Ausdehnung der Silomaisfläche einerseits und die Zunahme reiner Maisfruchtfolgen andererseits führen auf den leichten Böden der Geest zu einer Zunahme des aktuellen Winderosionsrisikos. Ein Beispiel für den sich seit Beginn der 1990er Jahre verstärkt vollziehenden Landnutzungswandel stellt Abbildung 13 dar. Sie zeigt einige in der Vergangenheit häufiger von Winderosion betroffene Gemeinden bei Goldelund und Joldelund im Landkreis Nordfriesland. Betrug das Verhältnis Grünland zu Ackerland zu Beginn der 1990er Jahre noch etwa 80 zu 20, so liegt es knapp 20 Jahre später bei 55 zu 45 (Abbildung 14). Der mit der Umwandlung des Grünlandes in Ackerland verbundene Verlust einer ganzjährig geschlossenen Pflanzendecke lässt zumindest bei konventionellem Anbau von Silomais eine erhöhte Auswehungsgefahr in den Frühjahrsmonaten erwarten (Bild 15).

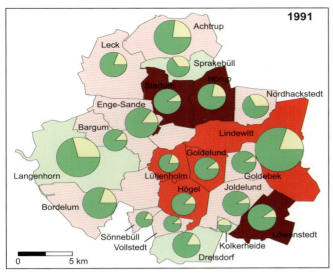
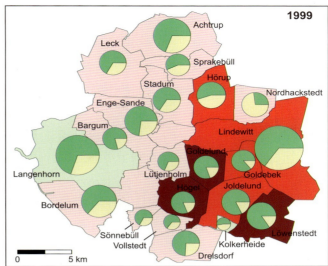
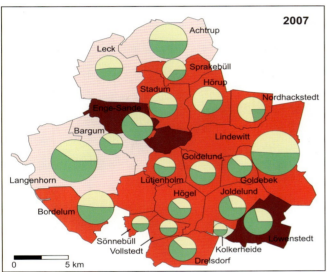

Landnutzungswandel in ausgewählten Gemeinden

Anteil der Anbaufläche für Silomais an der Ackerfläche der Gemeinden (%)

- 0 - 25
- 25 - 50
- 50 - 75
- > 75

Landwirtschaftliche Nutzfläche (ha) und Flächenanteile von Acker- und Grünland (%)

4000 ha
2000 ha
1000 ha
500 ha

Ackerland
Grünland

Quelle:
Statistisches Amt für Hamburg und Schleswig-Holstein. Statistische Berichte: Agrarstruktur in Schleswig-Holstein, Hefte 1991, 1995, 1999, 2003, 2007

Abbildung 13: Landnutzungswandel in ausgewählten Gemeinden der schleswig-holsteinischen Geest im Zeitraum 1991 bis 2007. Quelle: Statistikamt Nord (div. Jahrgänge)

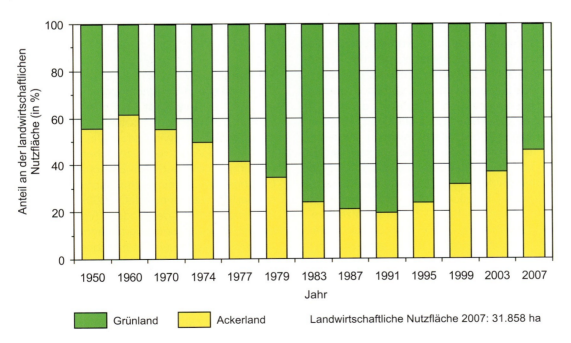

Abbildung 14: Veränderungen des Grünland zu Ackerland-Verhältnisses in ausgewählten Gemeinden der schleswig-holsteinischen Geest von 1991 bis 2007. Quelle: Statistikamt Nord (div. Jahrgänge)

Bild 15: Winderosion auf einer frischen Grünlandumbruchfläche (Foto: M. Bach)

3.4 Wirkungen von Oberflächenrauigkeit und Feldlänge auf die Bodenverwehung

Oberflächenrauigkeit

Die Erhöhung der Oberflächenrauigkeit wirkt der Auswehung entgegen. Eine raue Bodenoberfläche verringert die Windgeschwindigkeit direkt am Boden und in der oberflächennahen Luftströmung. Hierdurch werden sowohl die Ablösung bzw. die Ablösungsrate der Bodenpartikel als auch die Transportkapazität des Windes herabgesetzt. Das Vorhandensein eines entsprechenden Mikroreliefs durch Pflugfurchen, Saatreihen, Stoppelreihen oder Dämme, wie z. B. beim Kartoffelanbau, begrenzt die Transportreichweiten der auf sandigen Böden kriechend oder durch Saltation bewegten Partikel (Bilder 16 bis 18). Gleichzeitig bremsen diese Oberflächen den so genannten Lawineneffekt (vgl. Kap. 2.2) und schützen die Bodenteilchen im Lee der Mikrohindernisse vor direktem Windangriff. Der erosionsmindernde Effekt dieser Oberflächenstrukturen kommt allerdings erst dann voll zum Tragen, wenn sie quer zur vorherrschenden erosiven Windrichtung ausgerichtet sind. Die Schaffung einer rauen Oberfläche und die Wahl der geeigneten Bearbeitungsrichtung bilden wichtige Bausteine im Maßnahmenverbund zur Winderosionsbekämpfung. Aerodynamisch glatte Oberflächen, z. B. durch Walzen (s. Bild 19) des unbedeckten Bodens, sind unbedingt zu vermeiden.

Feldlänge

Die Feldlänge in Windrichtung ist eine Regelgröße für die Intensität der Bodenverwehung und für die Transportkapazität des auf die Bodenoberfläche einwirkenden Windes. Als Maß für die Wirkstrecke zwischen dem Verwehungsbeginn und dem Erreichen des Gleichgewichtssedimenttransportes dient die tolerierbare Feldlänge (NLÖ 2003). Sie ist von der Erodierbarkeit des Bodens (vgl. Tabelle 7) und der Bodenbedeckung abhängig. Die tolerierbare Feldlänge nimmt mit abnehmender Bodenerodierbarkeit ebenso zu wie mit steigender Schutzwirkung der jeweiligen Feldfrüchte bzw. Fruchtfolgen (vgl. Tabelle 10 und Tabelle 11). Eine grobe Abschätzung der tolerierbaren Feldlängen, die jedoch noch weiterer Überprüfung bedarf (NLÖ 2003), gestattet Tabelle 13.

Bild 16: Sandablagerung in Ackerfurchen und Fahrspuren (Foto: R. Duttmann)

Bild 17: Stoppeln erhöhen den Reibungswiderstand und verringern die Auswehung (Foto: R. Duttmann)

Bild 18: Idealer Winderosionsschutz: Selbstbegrünung zwischen Maisstoppeln (Foto: R. Duttmann)

Bild 19: Glatte Oberflächen vermeiden! Linke Seite: Bodenauswehung und Steinanreicherung auf einer Ackerfläche ohne Mikrorelief. Rechte Seite: Falsch: Schaffung einer glatten Ackeroberfläche durch Walzen. (Foto: R. Duttmann)

Tabelle 13: Tolerierbare Feldlänge in Abhängigkeit von den Stufen der Erodierbarkeit des Bodens und der Schutzwirkungsstufe der Fruchtarten. Quelle: NLÖ (2003, S. 26)

Stufen der Erodierbarkeit des Bodens	tolerierbare Feldlänge [1] (in m) bei einer Schutzwirkungsstufe der Anbaufrüchte und Fruchtfolgen gem. Tab. 10 und 11				
	1 (sehr gering)	2 (gering)	3 (mittel)	4 (hoch)	5 (sehr hoch)
1 (sehr gering)	> 400	> 400	> 400	> 400	> 400
2 (gering)	350	400	400	> 400	> 400
3 (mittel)	300	350	400	> 400	> 400
4 (hoch)	250	300	350	> 400	> 400
5 (sehr hoch)	200	250	300	400	> 400

[1] bei Ackerflächen ohne Schutzwirkung durch Windhindernisse

4. Windschutz: Windschutzpflanzungen und Knicks

4.1 Wirkungen und ökologische Funktionen von Hecken und Knicks

Die erosionsmindernden Effekte von Knicks, Feldgehölzen, Baumreihen und Windschutzpflanzungen beruhen auf der Abbremsung der Windgeschwindigkeit und der Verkürzung der Feldlänge. Ein engmaschiges Netz solcher Landschaftsstrukturelemente bewirkt zudem durch Abhebung des Strömungsfeldes einen erhöhten Schutz der Bodenoberfläche vor den erodierenden Wirkungen des Windes. Gleichzeitig werden die durch Kriechen bzw. Rollen und durch Saltation transportierten gröberen Bodenteilchen an derartigen Hindernissen aufgefangen und der Lawineneffekt wird unterbrochen.

Für den Winderosionsschutz in Schleswig-Holstein sind neben den als Knicks bezeichneten Wallhecken besonders die seit Anfang der 1950er Jahre schwerpunktmäßig in der Geest planmäßig angelegten Windschutzpflanzungen von herausragender Bedeutung (Bilder 20 bis 23). Während die Mehrzahl der für die heutige Kulturlandschaft Schleswig-Holsteins charakteristischen Knicks auf die Verkoppelung im späten 18. Jahrhundert zurückgeht und dem Einhegen der Ländereien sowie als Schutz gegenüber dem Weidevieh diente (MARQUARDT 1950), sind Windschutzhecken speziell an die Aufgaben der Windbremsung und des Erosionsschutzes angepasste Pflanzungen (HASSENPFLUG 1998). Sie zielen auf die Schaffung einer möglichst breiten leewärtigen Windschutzzone ab. Entsprechend ihren Funktionen unterscheiden sich Windschutzhecken und Knicks zumeist durch ihren Aufbau und ihre Morphologie sowie durch ihre Dichte und Durchlässigkeit. Knicks sind dabei meistens deutlich dichter und weisen einen schmaleren Schutzbereich in ihrem Lee auf als die für Windschutzzwecke optimierten Hecken.

Bild 20: Knick mit Überhältern (Foto: R. GABLER-MIECK)

Bild 21: Knick mit typischem Erdwall (rechte Seite) und Windschutzpflanzung (Bildhintergrund: Windschutzpflanzung aus Nadelhölzern) (Foto: R. GABLER-MIECK)

Bild 22: Knicklandschaft östlich von Erfde mit Blick auf die Sorgeschleife: Das Luftbild zeigt die noch recht ursprüngliche Knicklandschaft in der Gemarkung Erfde, isoliert durch die Niederungen des Stapelholms (Sorgeschleife im Hintergrund). Die von Knicks beidseitig gesäumten Wege für das Vieh führen vom Dorf (links unter dem Bildvordergrund) hinaus und bis an den Rand der Niederung. (Foto: W. HASSENPFLUG)

Bild 23: Windschutzhecken nordöstlich von Schafflund: Die neu gestaltete Heckenlandschaft der Geest ist für den Windschutz optimiert. Der Blick geht nach Norden, östlich an Schafflund vorbei über die Bundesstraße 199 hinweg. Deutlich ist die nord-südliche Feldorientierung zu erkennen, so dass die vorherrschenden Westwinde und auch die verwehungsträchtigen Ostwinde über die Schmalseiten der Felder hinwegstreichen. (Foto: W. Hassenpflug)

Die Ausdehnung des Schutzbereiches im Lee einer Hecke hängt von ihrer Höhe und Durchlässigkeit ab (Nägeli 1943; vgl. Abbildung 15). So wird eine **dichte Windschutzpflanzung**, beispielsweise aus eng gepflanzten Nadelhölzern, zunächst überströmt. An ihrer Obergrenze nimmt die Windgeschwindigkeit dabei stark zu, während unmittelbar hinter dem Hindernis (etwa 1- bis 4-fache Hindernishöhe in m) eine deutliche Windabschwächung erfolgt (van Eimern & Häckel 1984). In einer Entfernung, die etwa dem 4- bis 8-fachen der Hindernishöhe entspricht, bilden sich jedoch Wirbel, die bis an die Bodenoberfläche heranreichen und eine erhöhte Windgeschwindigkeit aufweisen. Die leeseitige Windabschwächung ist bei derartigen Windhindernissen auf eine Streifenbreite von 20 bis 25 Mal der Hindernishöhe (in m) beschränkt.

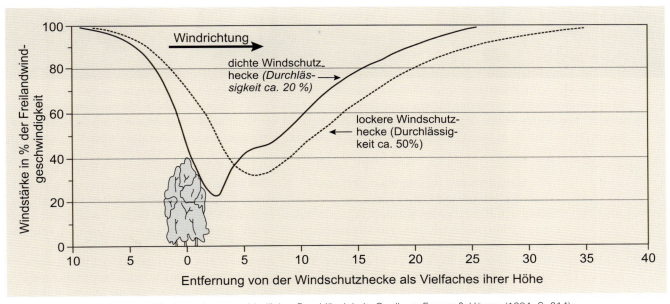

Abbildung 15: Windschutz von Hecken mit unterschiedlicher Durchlässigkeit. Quelle: v. Eimern & Häckel (1984, S. 214)

Im Unterschied dazu ist die windgeschützte Zone im Lee von Windschutzpflanzungen mit **mittlerer Durchlässigkeit** deutlich verlängert. Die Windgeschwindigkeit geht zwar hinter dem Hindernis nicht unter 30% der Ausgangswindgeschwindigkeit zurück, jedoch ist der leeseitige Schutzbereich mit einer Länge von 25 bis 30 Mal der Hindernishöhe (in m) ausgedehnter als bei dichteren Windhindernissen. Auch die Bildung von Leewirbeln ist hier weniger stark ausgeprägt. Bei beiden Hindernistypen beginnt die Windabschwächung bereits auf der Luvseite, und zwar in einem Abstand der 5- bis 10-fachen Hindernishöhe.

Die **höchste Schutzwirkung** lässt sich **durch mehrreihige Hecken** mit einem unruhigen Verlauf ihrer Firstlinie erreichen. Solche Hecken sind meist aus zwei bis vier Reihen aufgebaut, wobei die Mittelreihe aus hochwüchsigen, in unregelmäßigem Abstand angeordneten Laubbaumarten besteht, welche die Bremswirkung einer Hecke erheblich erhöhen. In ihrem Lee erreicht der windgeschützte Bereich seine größte Ausdehnung. Das Rückgrat einer Windschutzpflanzung sind die zwischen den Laubbäumen weniger hoch wachsenden Nebenbaumarten. Sie sollen die Windgeschwindigkeit auf etwa 50% des Ausgangswertes herabsetzen. Beidseits davor angeordnete Strauchreihen bilden den Mantel, dem ein Saum aus Gräsern und Kräutern vorgelagert ist (s. AID 1994).

Den Einfluss von Hecken auf das bodennahe Windfeld und den durch sie ausgeübten Windschutz verdeutlicht Bild 24.

Bild 24: Schneeverwehung bei Kropp (Blickrichtung Süd): Nach dem Abschmelzen einer dünnen Schneedecke in der Fläche treten die Schneeverwehungen an den Hecken und Knicks deutlich hervor. Gut erkennbar sind dabei die größeren Schneemächtigkeiten im Windschutzbereich der Hecken und einzelne leewärts (auf dem Bild nach rechts) gerichtete Schneefahnen. Durch die Hinderniswirkung der Hecken kommt es auch an den Luvseiten der Hecken zur Bildung mächtiger Schneeverwehungen. (Foto: W. HASSENPFLUG)

Windschutzhecken und -streifen sind senkrecht zur Hauptwindrichtung bzw. zur vorherrschenden Richtung der erosiven Winde anzulegen. Eine maximale Schutzwirkung wird dabei nur von Hindernissen erreicht, die in einem Winkel von 90° vom Wind angeströmt werden. Unterschreitet der Anströmwinkel 45°, wird die Luftströmung vom Hindernis lediglich umgeleitet.

Der Abstand von Windschutzhecken sollte nach Möglichkeit 200 bis 300 m betragen. Da sich die Wirkung der Hecken vermindert, wenn sie schräg angeströmt werden, können zusätzliche, quer dazu verlaufende Verbindungsachsen von Nebenschutzpflanzungen zur Steigerung des Winderosionsschutzes – auch bei einem Wechsel der Windrichtung – beitragen. In einem solchen rechteckigen Heckennetz haben sich Abstände von 250 bis 500 m zwischen den quer zur vorherrschenden Windrichtung angelegten Windschutzhecken bewährt. Für die senkrecht dazu verlaufenden Heckenverbindungen erscheint ein Abstand von bis zu 1.000 m sinnvoll (s. VAN EIMERN & HÄCKEL 1984).

Über den Windschutz und die mikroklimatischen Wirkungen hinaus (s. Abbildung 16) übernehmen Knicks, aber auch Windschutzhecken aus standortheimischen Gehölzpflanzen, wichtige Landschaftsfunktionen. Sie sind Lebensraum für Tiere und Pflanzen der Wälder und Waldsäume sowie des Offenlandes und der Übergangsbereiche zwischen diesen. Infolge ihrer mikroklimatisch bedingten Standortvielfalt zeichnen sich naturnahe Knicks durch eine artenreiche Tier- und Pflanzenwelt aus. Zudem bieten sie dem Niederwild in waldarmen und intensiv genutzten Landschaften Rückzugs- und Deckungsmöglichkeiten. Als linearen Landschaftsstrukturelementen kommt den Knicks zudem eine zentrale Rolle bei der Biotopvernetzung und der Schaffung von Biotopverbundsystemen zu.

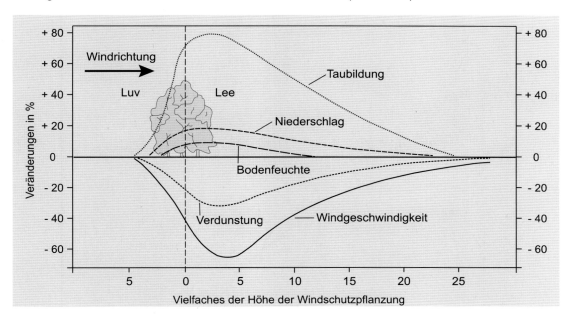

Abbildung 16: Wirkungen von Hecken auf das Standortklima und den Wasserhaushalt. Quelle: AID (1994, S. 30, nach NÄGELI 1943)

4.2 Die Entwicklung des Windschutzes in Schleswig-Holstein

Mit dem Ziel, der Waldzerstörung entgegenzuwirken und Sandstürme einzudämmen, fanden ab Mitte des 19. Jahrhunderts erste größere Aufforstungen statt. Die 1878 von C. Emeis initiierte Aufforstung eines 420 ha umfassenden Heidegebietes am Langenberg bei Leck markiert den Beginn des systematischen Windschutzes in Schleswig-Holstein, der mit einer planmäßigen Anlage weiterer Forste auf auswehungsgefährdeten Flächen und der Pflanzung von Windschutzhecken verbunden war. Wenngleich bereits zuvor einzelne lokale Maßnahmen zur Bekämpfung des Sandfluges ergriffen wurden, blieben diese meist vergeblich. Versuche, die degradierten Böden mit heimischen Laubhölzern wie Buche, Eiche oder Birke aufzuforsten, brachten dabei ebenso wenig den erhofften Erfolg wie Bemühungen, den Sandboden durch Ansaat oder das Pflanzen von Gräsern (häufig Strandhafer, seltener Strandroggen) festzulegen.

Kontinuität erfuhr der Windschutz erst mit der Gründung des Heidekulturvereins und den späteren Knickverbänden bzw. -vereinen. Die Entwicklung des Windschutzes in Schleswig-Holstein ist eng mit dem Namen **Wilhelm Emeis** verbunden. Als Forstwirt entwickelte er zu Beginn des 20. Jahrhunderts neben einem Leitfaden zur Anlage, Gestaltung, Bepflanzung und Pflege von Windschutzanlagen auch einen Plan für die optimale Lage und Ausrichtung von Windschutzanlagen (EMEIS 1910, IWERSEN 1953).

Das Konzept eines landschaftsumfassenden Windschutzsystems nach W. Emeis gründet sich auf Forstflächen als Haupt-Eckpfeiler und erste Ebene des Windschutzsystems und unterstützende Pflanzungsanlagen um Hofstätten und Hausgärten als zweite Ebene. Diese übergeordneten Windschutzpflanzungen tragen in erster Linie zur Erhöhung der aerodynamischen Rauigkeit im Gesamtgebiet bei und somit auch zur Verringerung der Windgeschwindigkeit. Beidseits von Knicks gesäumte Hochbaumreihen entlang von Straßen und Wegen sollen als dritte Ebene darüber hinaus eine Verdichtung des Windschutzsystems bewirken. Die vierte Ebene des Windschutzsystems nach Emeis bilden Wälle und Knicks. Durch sie soll eine „Verbauung" der Landschaft rechtwinklig zur Hauptwindrichtung erfolgen. Sie dienen dem direkten Schutz der im Lee gelegenen Ackerflächen.

Die Umsetzung des durch Emeis entwickelten Windschutzsystems erfolgte zunächst bis zum Beginn des 2. Weltkrieges. Während des Krieges und in den Nachkriegsjahren kamen die Bestrebungen, ein landschaftsübergreifendes Windschutzsystem aufzubauen, zum Erliegen. Übermäßige Holznutzung, die Ausdehnung der Ackerfläche und der großflächige Hackfruchtanbau begünstigten zwischen 1945 und 1950 das Auftreten zahlreicher, zum Teil verheerender Sandverwehungen. Im Rahmen des 1953 verabschiedeten Programms Nord (PROGRAMM NORD 1979), das auf den Ausgleich wirtschaftlicher und sozialer Disparitäten in Schleswig-Holstein abzielte, wurden die bisherigen Ansätze eines übergreifenden, mehrstufigen Windschutzsystems erneut aufgegriffen und großräumig umgesetzt. Die Gemeinde Joldelund fungierte dabei als Mustergebiet (Bild 25).

Bild 25: Landschaftsumfassendes Windschutzsystem in Joldelund mit Forstflächen, Wallhecken und Windschutzhecken, Windleitlinien mit doppelter Hochbaumreihe (entlang der in West-Ost-Richtung verlaufenden Straßen) sowie Garten- und Hofpflanzungen

Insgesamt wurden zwischen 1953 bis 1978 allein in der Geest mehr als 9.000 km an Windschutzhecken gepflanzt und Forste auf einer Fläche von ca. 4.500 ha neu angelegt. Der verbesserte Windschutz führte seitdem zu einem deutlichen Rückgang katastrophaler Winderosionsereignisse.

Das heutige Knicknetz in Schleswig-Holstein hat eine Länge von 68.000 km (LANU 2008). Gegenüber den 1950er Jahren, in denen noch 75.000 km an „echten" Knicks verzeichnet wurden (MARQUARDT 1950), bedeutet das eine Abnahme von etwa 10%. Als Richtwert für die Ausstattung waldarmer Landschaften mit Landschaftselementen, wie z. B. Wallhecken, Windschutzhecken und Baumreihen, wird vom BMVEL (2001) eine Flurelementelänge von 5 km pro km² empfohlen. Dieser Wert wird landesweit deutlich unterschritten.

4.3 Die Schutzwirkung von Windhindernissen abschätzen

Die Schutzwirkung im Bereich von Windhindernissen lässt sich mit Hilfe einfacher Methoden aus der Höhe eines Windhindernisses (NAW 2004) und der prozentualen Häufigkeit der Hauptwindrichtungen für Zeiträume mit hoher Auswehungsgefährdung - d. h. von Februar bis Ende Mai - grob abschätzen. Die Länge des leeseitigen Schutzbereiches ergibt sich dabei durch Multiplikation der Hindernishöhe mit 25. Der luvseitige Schutz entspricht dem 5fachen der Hindernishöhe (s. Abbildung 17). Ein Beispiel für eine auf einer Windhinderniskartierung vorgenommenen Abschätzung des Windschutzes zeigt Karte 7 für die Gemeinde Joldelund. Dabei werden die positiven Effekte der Windschutzmaßnahmen im Zuge des Programms Nord deutlich. Für etwa zwei Drittel der Gemeindefläche ist heute ein vergleichsweise hoher Winderosionsschutz gegeben (vgl. Karte 8).

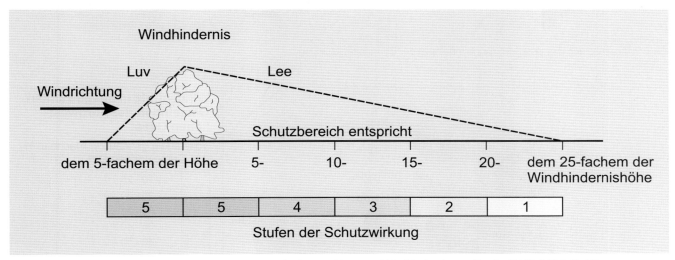

Abbildung 17: Schutzwirkungsstufen und Schutzbereiche im Luv und Lee von Windhindernissen. Quelle: NAW (2004, S. 10)

Karte 7: Abschätzung des Windschutzes am Beispiel der Gemeinde Joldelund

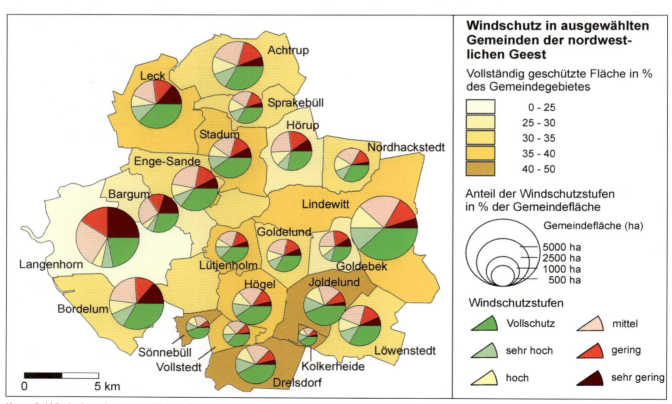

Karte 8: Windschutz in ausgewählten Gemeinden der schleswig-holsteinischen Geest

5. Winderosion in Schleswig-Holstein – eine lange Geschichte

5.1 Von der Römischen Kaiserzeit bis zur Neuzeit

Winderosion in der Römischen Kaiserzeit

In der Römischen Kaiserzeit (1. - 4. Jh. n. Chr.) fanden erste größere Eingriffe des Menschen in die Landschaft statt. Die Verhüttung von Raseneisenerz, die Anlage von Ackerflächen und die Gewinnung von Bau- und Nutzholz führten zu ersten flächenhaften Waldrodungen. Daneben schränkte die Nutzung der Wälder als Waldweide die Regeneration der Waldbestände stark ein. Begleiterscheinungen dieser Eingriffe waren mehr oder minder starke Sandverwehungen. Diese sind noch immer in den Bio-Geo-Archiven der Landschaft festgehalten, wie Moor- und Bodenprofile aus der Gemeinde Joldelund zeigen (DÖRFLER 2000) (s. Karte 9).

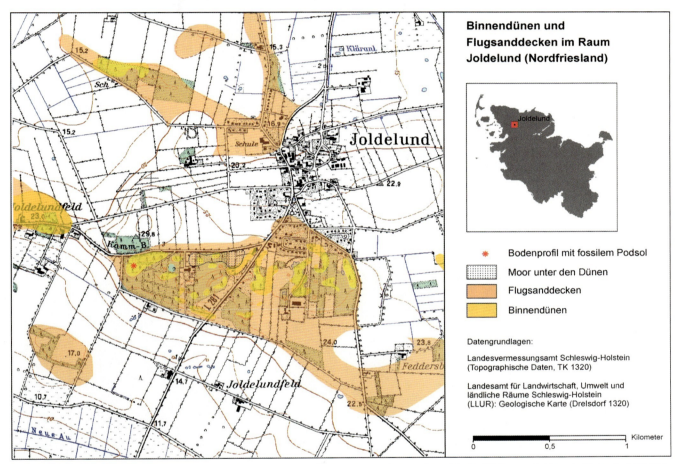

Karte 9: Binnendünen und Flugsandfelder im Raum Joldelund. Quelle: LANU (1999) - Geologische Karte von Schleswig-Holstein 1:25.000, Blatt 1320 Drelsdorf

Während des 3. bis 5. Jahrhunderts existierte im Raum Joldelund ein Siedlungs- und Eisenverhüttungsplatz (Bild 26), wobei der Siedlungsschwerpunkt zwischen 350 - 450 n. Chr. durch unterschiedliche Datierungsmethoden (Thermolumineszenz-Methode, AMS-^{14}C-Methode) belegt werden konnte. Mittels geophysikalischer Messungen wurden im Bereich des Joldelunder Kammberges ca. 500 Rennfeueröfen (s. Abbildung 18) nachgewiesen. Der Bedarf an Holzkohle für die Verhüttung von Eisen war dementsprechend hoch. Neben der Entnahme von Meiler- und Bauholz spielten die Waldweide und vor allem der Ackerbau die entscheidende Rolle bei der Auflichtung der Wälder (BACKER u.a.1992, DÖRFLER 2000). Die Entblößung der Bodenoberfläche im Zuge der ackerbaulichen Nutzung wird bereits für diesen Zeitabschnitt als ursächlich für das vermehrte Einsetzen der Winderosion angesehen (JÖNS 2000). Allerdings sind die während der Römischen Kaiserzeit durch zunehmende menschliche Eingriffe in die Landschaft hervorgerufenen Bodenverwehungen im Vergleich zu denen späterer Zeiträume als eher moderat einzuschätzen.

Bild 26: Schlackenfund aus dem Bereich des Kammberges bei Joldelund (Nordfriesland) (Foto: U. LUNGERSHAUSEN)

Abbildung 18: 3D-Rekonstruktion eines Landschaftsausschnittes bei Joldelund zur Römischen Kaiserzeit mit Rennfeueröfen. Quelle: KÖLLNER (2009)

Exkurs: Ein Bodenprofil erzählt Geschichte

Das in Abbildung 19 dargestellte Bodenprofil aus einer Düne im Bereich des Kuhharder Berges bei Joldelund vermittelt einen Einblick in die wechselvolle Landschaftsgeschichte und damit auch in das historische Winderosionsgeschehen. Es zeigt einen fossilen Podsol, der unter einer etwa 100 cm mächtigen Decke aus Flugsanden unterschiedlicher Verwehungsphasen begraben ist. Mitte des 20. Jahrhunderts wurde die im Bereich des Bodenprofils teilweise noch aktive Düne mit Lärchen aufgeforstet. Unter einer mächtigen Rohhumus-Auflage ist der rezente Boden bereits deutlich podsoliert. Die für Podsole typischen Auswaschungs- und Anreicherungsbereiche sind in den oberen 50 cm des Profils bereits gut zu erkennen.

Das Profil weist in einer Profiltiefe von 100 bis 120 cm eine Besonderheit auf. Zwischen zwei ca. 1 cm breiten Bändern aus stark zersetzter organischer Substanz befindet sich ein fossiler Pflughorizont, wie die in ihm erhaltenen Schollen eines Wendepfluges belegen (Abbildung 19, Bild 27). Das untere, aus Resten einer verbrannten Rohhumusauflage bestehende Band stellt die durch Pflugeinsatz nach unten gekehrte Bodenoberfläche dar. Altersbestimmungen an Holzkohlen aus diesem Humusband datieren die gepflügte Oberfläche in den Zeitraum zwischen der Römischen Kaiserzeit und der Völkerwanderung (KHB 2: kalibriertes ^{14}C-Datum: 404 – 536 n. Chr.). Das über dem fossilen Pflughorizont ausgebildete, ebenfalls gebrannte Rohhumusband ist dagegen deutlich jünger. Es datiert in das Frühe Mittelalter (KHB 1: kalibriertes ^{14}C-Datum: 783 – 982 n. Chr.).

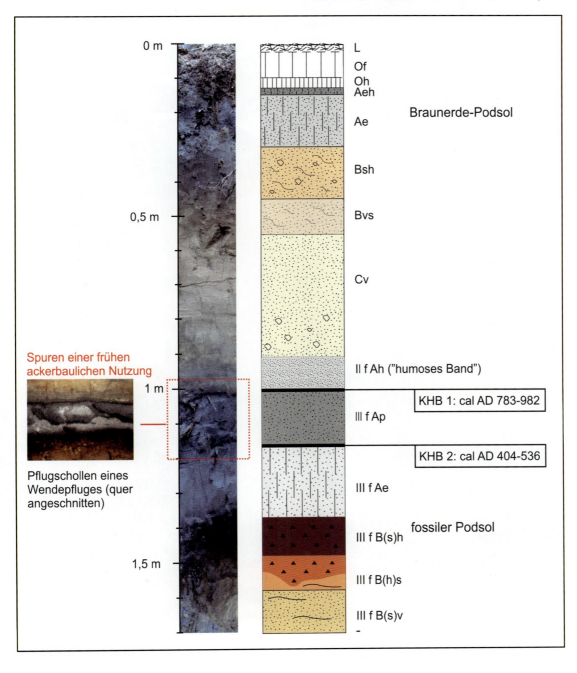

Abbildung 19: Archivierte Landschaftsgeschichte: Bodenprofil aus dem Kuhharder Berg bei Joldelund (Entwurf: U. Lungershausen)

Bild 27: Spuren eines Wendepfluges in einem begrabenen Podsol (Foto: U. Lungershausen)

Offenbar wurde der Bereich um das Bodenprofil erstmals im Frühen Mittelalter ackerbaulich genutzt. Die gut konservierten Pflugschollen lassen allerdings auf eine nur kurzzeitige Beackerung schließen, ehe der Standort – wie Holzkohlebestimmungen belegen – von Heidevegetation eingenommen wurde. Die Heide muss wenige Jahrzehnte später erneut gebrannt worden sein (KHB 1: kalibriert 783 – 982 n. Chr.), da bei längerer Heidebedeckung eine deutlich erkennbare Podsolierung im fA(h)p-Horizont unterhalb dieser humosen Lage zu erwarten wäre. In der Folgezeit traten heftige Winderosionsereignisse auf, die erhebliche Mengen an Flugsand aus der Umgebung an diesen Standort transportierten. So sind für das frühe 11. Jahrhundert als Folge intensivierten Ackerbaus erste größere Winderosionsereignisse nachgewiesen (DÖRFLER 2000). Zeugnis hiervon legt ein mehrere Zentimeter mächtiges, schwach humoses Band aus Flugsand ab, das dem fossilen Podsol bzw. dem an seiner Oberfläche befindlichen Rohhumusrest direkt aufliegt. Die grau-braune Färbung und der Humusgehalt des Sandbandes geben zudem Hinweis darauf, dass der Standort im Anschluss an eine erste größere Auswehungsphase zumindest über einen gewissen Zeitraum hinweg mit Vegetation bedeckt war, so dass Bodenbildung einsetzen konnte. Diese Stabilitätsphase dauerte jedoch nur wenige Jahrzehnte an, bis heftige Winderosionsereignisse zu einer erneuten Überdeckung der damaligen Oberfläche mit Flugsanden führten.

Winderosion im Mittelalter
Die Ausweitung der Landwirtschaft und die Intensivierung der Weide- und Heidewirtschaft führten im frühen Mittelalter zu einer großflächigen Waldvernichtung und leiteten die zweite Hochphase äolischer Aktivität ein.

Sowohl die Auswehung von nährstoffreichem Bodenmaterial aus den Ackerflächen als auch die Aufwehung mächtiger Dünenfelder müssen zu dieser Zeit in den Gemeinden der Schleswiger Geest erheblich gewesen sein. Aus historischen Quellen lassen sich auch die **ökonomischen Folgen** der Sandverwehungen erahnen. So wurde im Kapitalregister des Schleswigschen Domkapitels Mitte des 15. Jahrhunderts berichtet, dass aus dem mittelalterlichen Dorf „Hyoldelunt" kaum noch Abgaben eingingen und es im Jahr 1414 „deserta" gewesen sei (HINZ 1949, S. 178). Über 40 Jahre soll daraufhin die Kirche Joldelunds leer gestanden haben (NIELSEN 1981). Ähnliche Beschreibungen über die Auswirkungen des Sandfluges existieren auch für andere Gemeinden der Sandergeest. So befürchtete man im Jahr 1551 in Süderlügum, dass „dat ganze dorp lügum van wegen des drefsandes [Treibsandes] ganz und gar vernichtiget und verdorven werde" (ANDRESEN 1924, S. 76, vgl. Tabelle 14).

Tabelle 14: Zeittafel dokumentierter Winderosionsereignisse. Quelle: M. BACH (2008)

Jahr	Betroffene Region
1414	Joldelund
1551	Süderlügum
1800	Rendsburg
1938	Sanderebene Nordfriesland
1939	Sanderebene Nordfriesland
1947 Frühjahr	Joldelund
1948 April	Joldelund
1957 April, Mai	Kreis Husum
1958 Mai	Joldelund
1959 Juni	nordwestliches Schleswig-Holstein
1959 Oktober	Kreis Husum
1960 März	Goldelund, Klein Wiehe
1960 Juni	Joldelund
1969 März, April	Schleswiger Geest, Goldelund, Klein Wiehe, Högel, Oxbüll, Nordwiehe
1970 Mai, Juni	Riesbrieck, Goldelund, Neupepersmark
1971 April	Handewitt, Nordwiehe, Neupepersmark
1978 April	Leck und Umgebung
1979 Oktober	Schleswiger Geest
1981 April	Leck und Umgebung
1988 April, Mai	Leck und Umgebung
1989 April	Schleswiger Geest
1991 April	Leck und Umgebung
1997 April	Raum Flensburg
2004 April	Goldelund und Umgebung
2006 Juni	Goldelund und Umgebung
2006 April, Mai	Riesbrieck
2007 April	Bordesholm und Neumünster
2007 April, Mai	Goldelund

An einem Moorprofil aus dem Dünengebiet von Joldelund kann diese Phase verstärkter Winderosion deutlich abgelesen werden (Bild 28). Moore stellen ausgezeichnete Landschaftsarchive dar. Sie dokumentieren nicht nur die Vegetationszusammensetzung über die Zeit; sie spiegeln auch die Veränderungen der Vegetation durch Eingriffe des Menschen wider. Das Moor, das einst eine Fläche von ungefähr 4 ha umfasste, liegt heute unter einer etwa einen Meter mächtigen Düne begraben. Im 12. Jahrhundert kam das Moorwachstum endgültig zum Erliegen, da es vollständig von Flugsand bedeckt war (DÖRFLER 2000). Das Moor unter den Dünen ist somit ein Spiegel für die Intensität der Winderosionsereignisse während des Mittelalters.

Erst mit dem Dreißigjährigen Krieg (1618 - 1648) fand diese Phase verstärkter äolischer Aktivität ein Ende (MÜLLER 1999). Verwüstungen des Krieges und Bevölkerungsdefizite führten unweigerlich zu einer Abnahme der Landnutzungsintensität, was wiederum Rückwirkungen auf das Winderosionsgeschehen hatte.

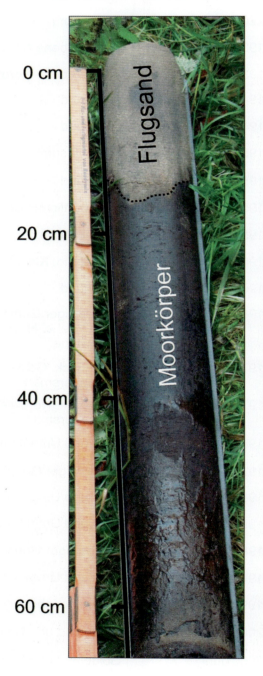

Bild 28:
Moor unter Dünen: Ein von Flugsanden verschüttetes Moor bei Joldelund (Foto: U. Lungershausen)

> **Schilderung eines Winderosionsereignisses (W. EMEIS 1910)**
> „Wir sehen im trockenen Frühjahr, wenn der Landwirt die Egge rührt, dass große Staubwolken sich ergeben und in der Luftströmung weit fortgeführt werden. In den Stürmen des letzten Frühjahrs hatte der, welcher in solchen Freilagen verkehrt, Gelegenheit zu beobachten, wie selbst die Sonne durch solche Staubwolken verdunkelt und der Fernblick auf selbst kurze Strecke gehemmt wurde. [...] dass die an der Wurzel von Feinerde entblößten, noch weniger erstarkten Saaten in solchen Sturmperioden schwer leiden, liegt auf der Hand."

Winderosion in der Neuzeit

Als Folge der Kolonisierung der Moore und Heiden der Schleswiger Geest in den Jahren zwischen 1761 und 1765 kam es erneut zu einem starken Aufleben des Winderosionsgeschehens, also zu einer **dritten Hochphase**. Dem Ruf des dänischen Königs Friedrich V. (1746 - 1766) folgend, zogen mehrere tausend Kolonisten, meist aus dem Süden von Deutschland, ins heutige Schleswig-Holstein, um dort Ödlandflächen wie Moore und Heiden urbar zu machen. Heiden gehörten zu dieser Zeit zum prägenden Landschaftselement und wurden hauptsächlich als Bienenweide zur Honigerzeugung, zur extensiven Beweidung und zur Gewinnung von Einstreu für die Viehhaltung genutzt (DÖRFLER 2000). Die Kultivierung dieser Flächen bedeutete ein erneutes Entblößen der zuvor überwiegend mit Heidevegetation stabilisierten Bodenoberfläche. Diese Flächen waren demzufolge wiederholt und mit entsprechenden Schäden den angreifenden Prozessen der Winderosion ausgesetzt. Die Kolonisation erwies sich als problematisch und scheiterte schließlich, da die Erträge aufgrund der nährstoffarmen Böden bereits nach wenigen Jahren sanken und die Anbaubedingungen insgesamt erschwert waren. Insbesondere die harten, oberflächennahen Ortsteinschichten der Heideböden (Podsole) waren mit dem landwirtschaftlichen Gerät der damaligen Zeit undurchdringlich, so dass eine ackerbauliche Nutzung dieser Flächen nicht lohnte (CLAUSEN 1981). Darüber hinaus führten unzureichende Düngemittel und die aufkommenden Interessenkonflikte zwischen Kolonisten und Einheimischen zum Scheitern des Projektes im Jahr 1765. Von anfänglich 4.000 geplanten Siedlerstellen blieben lediglich 600; der Großteil der Kolonisten verließ bereits nach wenigen Jahren das Land (IBS u.a. 2004).

5.2 Winderosion im 19. Jahrhundert und im frühen 20. Jahrhundert

Mittels dampfbetriebener Tiefpflüge war es gegen Ende des 19. Jahrhunderts möglich, die weitflächig auftretenden Ortsteinschichten zu durchbrechen und die Böden nach Aufmergelung, Mineraldüngung und Kalkung ackerbaulich zu nutzen (HANNESEN 1959). Neben dem Heidekulturverein wurde die Erschließung der Ödlandflächen, wie Heiden und Moore, für die landwirtschaftliche Nutzung ab 1914 auch durch staatlich gegründete Genossenschaften zur Bodenverbesserung und Melioration vorangetrieben. Durch den Einsatz von Kriegsgefangenen wurden während des 1. Weltkrieges insgesamt 21.000 ha Ödlandflächen kultiviert (HANNESEN 1959). Auf den Landesteil Schleswig entfielen davon 16.000 ha (MAGER 1937). Die in den Folgejahren fortgesetzte Kultivierung führte bis zum Beginn des 2. Weltkrieges zu einer stetigen Erweiterung der landwirtschaftlichen Nutzfläche insbesondere in den Geestgebieten Schleswig-Holsteins – und damit auch zu einer Zunahme der Winderosionsdisposition.

Mit der Ausdehnung der Ackerflächen und der Intensivierung der landwirtschaftlichen Produktion, vor allem aber durch die Ausweitung des Hackfruchtanbaus seit Beginn der 1930er Jahre und während des 2. Weltkrieges, wurde das Auftreten der Winderosion erneut begünstigt. Seinen Höhepunkt erreichte das Schadensausmaß in den ersten Nachkriegsjahren. So kam es infolge von Brennstoffknappheit zu einer Reduzierung der ohnehin geringen Waldfläche um etwa ein Drittel ihres vorherigen Bestandes. Die angespannte Ernährungslage zwang zudem zu einer erneuten Ausdehnung der Ackerfläche und einer Zunahme des Hackfruchtanteils. So meldeten 50 schleswig-holsteinische Gemeinden im Jahr 1947 schwere Sandverwehungen auf ihren Ackerländereien (s. Tabelle 14). Schätzungen gehen davon aus, dass in diesem Jahr nicht nur erhebliche Mengen an Feinboden ausgetragen, sondern gleichzeitig auch 26.000 t Getreide „buchstäblich vom Winde verweht" wurden („Der ideale Knick" in: „Die Welt", 11.07.1947, zitiert in MARQUARDT, 1950, S. 18).

5.3 Winderosionsereignisse der jüngeren Vergangenheit – Dokumentation von Verwehungsereignissen in Bildern

Seit Ende der 1960er Jahre bis zum Beginn der 1990er Jahre traten in unregelmäßiger Folge zahlreiche Winderosionsereignisse mit einer großen Spannweite von leichteren bis extremen Verwehungsfällen auf. Einzelne Verwehungsfälle sollen anhand von Beobachtungen und Bilddokumenten dargestellt werden (s. Hassenpflug 1971, 1972, 1973, 1974, 1989 und 2004).

5.3.1 Das Verwehungsereignis vom März 1969

Das Bodenverwehungsereignis vom März 1969 war eines der stärksten m vergangenen Jahrhundert. Seine Kennzeichen waren:
- vergleichsweise lange Dauer (13. bis 20. März 1969),
- Wind aus östlichen Richtungen,
- Sturmstärke mit im Tagesmittel auftretenden Windstärken von 5 bis 6 Beaufort mit Spitzen zwischen 10 und 11 Beaufort bzw. mit maximalen Windgeschwindigkeiten von 28,3 m/s,
- eine relative Luftfeuchtigkeit von weniger als 70 %,
- durchgehend unter dem Gefrierpunkt liegende Temperaturen von Luft und Boden (bis 20 cm Tiefe),
- Schneefall und Schneeverwehungen, die zu einem Wechsel von Schnee- und Sandablagerungen führten (siehe Bild 31) und
- Verwehungen mit einem nie zuvor dokumentierten Ausmaß.

Die zeitlichen Verläufe von Windrichtung und Windgeschwindigkeit an der Wetterstation Schleswig am 16.03.1969 sind beispielhaft in Abbildung 2 auf S. 18 für ein Zeitfenster von 14:00 bis 24:00 Uhr dargestellt. Die auf einem Schreibstreifen aufgezeichneten Windrichtungen lassen erkennen, dass während dieses Zeitraumes Winde aus östlichen Richtungen vorherrschten (s. „dunkles Band" auf dem oberen Schreibstreifen), die in etwa zwischen 60° und 150° drehten. Die Aufzeichnung der Windgeschwindigkeit (unterer Schreibstreifen) zeigt einen Mittelwert bei 25 Knoten mit Schwankungen zwischen über 10 und maximal um 45 Knoten, was einer Windstärke von 4 bis 9 Beaufort entspricht.

Bild 29: Luftbild der Bodenverwehungen im Raum Ellund vom 23.03.1969 (Foto: W. Hassenpflug)

Spuren dieses Ereignisses sind in einem Luftbildflug wenige Tage danach für einige Gemeinden der Geest festgehalten (s. HASSENPFLUG u. RICHTER 1972; Bild 29). Die Luftaufnahmen waren zugleich die Grundlage für eine umfangreiche Schadenskartierung im Maßstab 1 : 5.000, bei der neben der Verbreitung der Winderosionsschäden auch die für die Verwehung verantwortlichen Faktoren erfasst wurden (siehe Kap. 8.2). Die Kartierung diente später als Entscheidungshilfe zur Festlegung der Boden-Dauerbeobachtungsfläche (BDF 4) des heutigen Landesamtes für Landwirtschaft, Umwelt und ländliche Räume Schleswig-Holstein.

Einen Eindruck vom Ausmaß der damals aufgetretenen Verwehungen gibt auch die Aufnahme aus Kleinwiehe (Bild 30).

Bild 30: Sandberge in Kleinwiehe am 23.03.1969 (Foto: W. HASSENPFLUG)

Kennzeichnend für dieses Winderosionsereignis war nicht nur seine Dauer, sondern das gleichzeitige Auftreten heftiger Schneestürme. Den Wechsel von Schnee- und Sandablagerungen zeigen geschichtete Profile in den Akkumulationsbereichen (Bild 31 a und b). Das aus östlicher Richtung angewehte Bodenmaterial wurde zunächst etwa 500 m weit, sogar über Grünland hinweg, verfrachtet. Während die gröberen Korngrößen im Wesentlichen vor dem Waldrand (in Bild 31 a rechts) sedimentierten, wurden die feineren Bodenteilchen wie Humuspartikel und Schluff per Suspensionstransport in den Wald eingetragen. Dieses belegen die in Abbildung 20 dargestellten Korngrößenverteilungen und Humusgehalte im abgelagerten Sediment. So zeigt sich entlang einer von Ost nach West durch den Wald verlaufenden Linie, dass der Anteil der humosen Substanz bzw. des organischen Kohlenstoffs ebenso wie der Schluff- und Tonanteil kontinuierlich in westlicher Richtung zunimmt. Der Feinsandanteil steigt innerhalb des Waldes noch bis zu einer Entfernung von 75 m an, der Mittelsand noch bis 25 m. Nur der Grobsandanteil nimmt schon kurz hinter dem Waldrand deutlich ab und ist innerhalb des Waldes nach 35 m nicht mehr nachweisbar.

Da Verwehung vor allem sandige Ackerböden betrifft, kann sie bei Vorliegen der übrigen Voraussetzungen auch auf entsprechenden Böden außerhalb der Geest auftreten. Ein Beispiel hierfür sind die Verwehungen im März 1969 im Raum Ulstrup, 5 km östlich von Flensburg. Ihre Spuren waren kaum weniger deutlich als westlich der Stadt, auf der Geest. Hiervon zeugen die Bilder 32 und 33.

Bild 31a: Sand- und Schneewehen bei Meyn, 23.03.1969 (Foto: W. Hassenpflug)

Bild 31b: Wechsellagerung von Sand und Schnee in einer Wehe bei Wiehelund; 7.04.1969 (Foto: Schlumbaum)

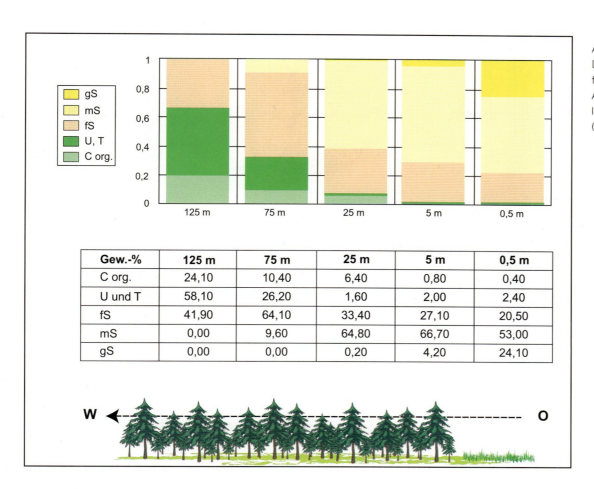

Abbildung 20: Der Wald als Senke für verwehten Ackerboden. Quelle: HASSENPFLUG (1989, S. 81)

Gew.-%	125 m	75 m	25 m	5 m	0,5 m
C org.	24,10	10,40	6,40	0,80	0,40
U und T	58,10	26,20	1,60	2,00	2,40
fS	41,90	64,10	33,40	27,10	20,50
mS	0,00	9,60	64,80	66,70	53,00
gS	0,00	0,00	0,20	4,20	24,10

Bild 32: Gehöft in Oxbüll, umgeben von Sandablagerungen (Foto: W. HASSENPFLUG)

Bild 33:
Düne im Hausgarten des Gehöfts Oxbüll (Foto: W. Hassenpflug)

5.3.2 Das Verwehungsereignis vom April 1971

Dieses Bodenverwehungsereignis dauerte mindestens vom 23. bis zum 24. April 1971. Die am 24. April 1971 zwischen 08:00 und 18:00 Uhr an der Wetterstation Schleswig gemessenen Windrichtungen und Windgeschwindigkeiten zeigt Abbildung 21. Bei Winden zwischen 60° (ENE) und 90° (E) trat ein deutliches Maximum der Windgeschwindigkeit über Mittag des Tages mit Werten von über 40 Knoten (Windstärke 9) auf.

Von diesem Verwehungsereignis gibt es eine Reihe von Beobachtungen. Bild 34 gibt einen Eindruck von einem Verwehungsfall bei Meyn am 23.04.1971.

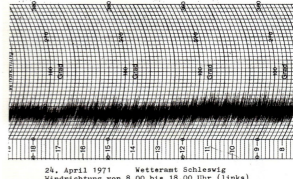

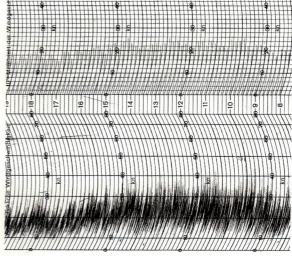

Abbildung 21: Windrichtung und -geschwindigkeit am 24.04.1971 an der Wetterstation Schleswig. Quelle: DWD-Wetterstation Schleswig (o. J.)

Bild 34: Bodenverwehung bei Meyn am 23.04.1971 (Foto: W. Hassenpflug)

Der Verwehungsfall Wieher Berg 1971 – Verwehungen auf der Altmoräne und auf die Altmoräne hinauf

Im Unterschied zur Wassererosion, bei der aller Transport der Schwerkraft folgend hangab gerichtet ist, kann Sedimenttransport durch Wind auch hangauf erfolgen. Dies ließ sich in Nordwiehe beobachten (Bild 35). Aufnahme-Standpunkt ist der untere Bereich des Feldes nördlich des kleinen Wäldchens (linke Bildseite) (s. Hassenpflug u. Richter 1972).

Bild 35: Hangaufwärts gerichtete Bodenverwehung in Nordwiehe am 23.04.1971 (Foto: W. Hassenpflug)

Der Blick ist auf den Osthang des Wieher Berges gerichtet. Der untere, ebene Feldteil ist geologisch der Sandergeest zuzuordnen, die Erhebung zum Hintergrund hin ist ein saalezeitlicher Moränenrest. Die Felder sind hier in west-östlicher Richtung gut 400 m lang. Am ebenen und tiefstgelegenen östlichen Ende (Sandergeest) weisen sie deutlich dunklere, d. h. humusreichere Oberböden auf und zeigen kaum Verwehungsspuren.

Mit dem starken Ostwind ziehen Sand- und Staubfahnen samt dem darin enthaltenen Feinmaterial nach Westen den Hang der Altmoräne hinauf, mal mehr auf der einen, mal mehr auf der anderen Seite des Feldes. Die Verwehung beginnt mit einem dünnen hellen Schleier noch im ebenen, also aus Sandermaterial gebildeten Feldteil, etwa 180 m vom luvseitigen Feldrand entfernt und setzt sich im ansteigenden hinteren Feldteil aus Altmoränenmaterial mit wachsenden Staubwolken fort. Durch eine Luftbildaufnahme zwei Tage später konnte das Ausmaß dieser Bodenverwehung auf einer Altmoräne dokumentiert werden (Bild 36). Der Blick geht nach Südost. Die Verwehung erfolgte im Bild von links oben nach rechts unten (hangauf). Nur undeutlich ist die Feldgrenze zu erkennen. Die anschließende Sandfahne, die sich über die gesamte Feldbreite erstreckt, ist noch gering mächtig, so dass der Untergrund durchschimmert.

Bild 36: Bodenverwehung am Wieher Berg (Luftbild 26.04.1971, Foto: W. Hassenpflug)

Der Verwehungsfall Handewitt 1971 - Zur Sprungweite und -höhe der Saltation

Der Saltationsprozess, der dem bloßen Auge als bodennaher und -paralleler Transport erscheint (Bild 6 auf S. 17), setzt sich im Einzelnen aus millionenfachen Flugparabeln einzelner Sandkörner zusammen. Die Weite und Höhe dieser Flugparabeln hängt von der Stärke des auslösenden Windes und von der Korngröße ab. Wo die Saltationssprünge auf Hindernisse wie Gräben und Wälle treffen, können über deren Weite genauere Aufschlüsse gewonnen werden.

Bild 37 zeigt ein Feld westlich von Handewitt mit Blickrichtung Süden. Die Bodenverwehung erfolgt von Osten, also von links nach rechts. Deutlich ist zu sehen, wie sie bodennah und nach oben begrenzt in einzelnen Bahnen und mit unterschiedlicher Intensität erfolgt und wie – das ist hier entscheidend – diese Bahnen ungestört über den Graben, der oben gut 2 m breit ist, hinwegziehen. Dementsprechend haben unzählige Sandkörner längere Flugbahnen – denn der Ausgangspunkt ihrer Bahnen liegt bei vielen von ihnen schon vor dem linken Grabenrand.

Korngrößenanalysen ergaben: 50 % des Sediments am rechten (leeseitigen) Grabenrand bestand aus Korngrößen von 0,2 bis 0,63 mm (Mittelsand), 1,7 % sogar aus Korngrößen > 0,63 mm (Grobsand). Körner dieses Durchmessers sind also in der Lage, bei den Windstärken dieses Verwehungsereignisses per Saltation deutlich mehr als 2 m zurückzulegen. Schwerere Körner mit mehr als 0,63 mm Durchmesser schafften diese Distanz sicherlich nur während der gemessenen Böenspitzen, die maximal 23 m/s erreichten.

An anderer Stelle, nämlich nördlich von Schafflund, erwies sich beim gleichen Verwehungsereignis ein breiter Graben von etwa 3 m oberer Breite als deutliches Hindernis für den Saltationstransport (Bild 38). Nur ein kleiner Bruchteil davon erreichte die Leeseite des Grabens, wie die geringen Sandspuren dort zeigen; die anderen schafften die Querung des Grabens nur auf der Feldzufahrt im Hintergrund.

Bild 37: Saltationstransport über einen Graben (Handewitt, 24.04.1971 - Foto: W. Hassenpflug)

Bild 38: Saltationstransport über einen und Sedimentation in einen Graben (Schafflund, 26.04.1971 - Foto: W. Hassenpflug)

Knickwälle können zur Abschätzung der Höhe der Saltationsbahnen dienen. Bild 39 zeigt eine solche Situation. Der Blick geht in die Herkunftsrichtung des Sandes, nach Osten. Von dort wurde der Boden verweht. Die Sandfahnen reichen in das Wintergetreidefeld im Vordergrund hinein, sofern dem Sandtransport nicht der bewachsene Wall im Weg steht. Klar ist zu sehen, dass der Knickwall die Einwehung von Sand in das leewärts anschließende Feld im Bildvordergrund unterbindet. Offensichtlich war die Saltationshöhe hier geringer als die Höhe des Knickwalls.

Bild 39: Bodenverwehung an einem Knick (Handewitt, 25.04.1971 - Foto: W. Hassenpflug)

5.3.3 Das Verwehungsereignis vom Oktober 1979

Das Verwehungsereignis ist eines der seltenen im Herbst auftretenden Ereignisse. Es dauerte vom 24.10. bis zum 30.10.1979. Das an der Wetterstation Leck für den 27.10. und 28.10.1979 gemessene Stundenmittel der Windgeschwindigkeit lag bei Werten um 8 m/s, mit maximalen Stundenmittelwerten von 11,4 m/s (s. Abbildung 22). In Böen wurden Windgeschwindigkeiten bis 17,5 m/s (in 10 m Höhe) gemessen. Vorherrschend waren Winde aus südöstlichen Richtungen (Abbildung 23).

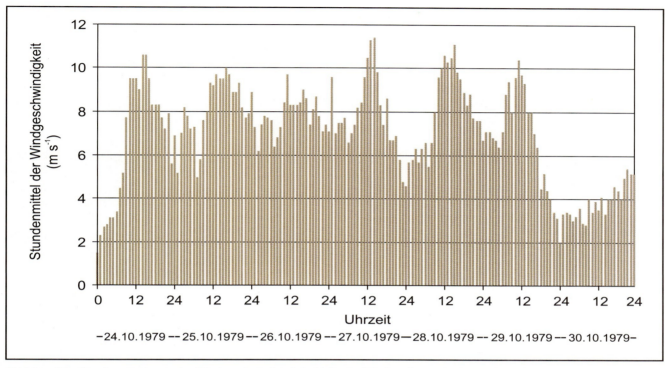

Abbildung 22: Stundenmittelwerte der Windgeschwindigkeit (m/s) für das Winderosionsereignis vom 24.10.1979 bis 30.10.1979 (Station Leck). Datengrundlage: DWD, Station Leck (Entwurf: R. DUTTMANN)

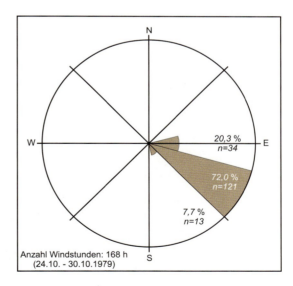

Abbildung 23: Windrichtungsverteilung in Prozent der Windstunden für das Winderosionsereignis vom 24.10.1979 bis 30.10.1979 (Station Leck). Datengrundlage: DWD, Station Leck (Entwurf: R. DUTTMANN)

Der Verwehungsfall Wallsbüll – Saltation und Suspension

Das am 22.10.1979, d. h. zwei Tage vor Beginn des Verwehungsereignisses aufgenommene Luftbild (Bild 40) gibt einen Überblick. Es zeigt markante, in Ost-West-Richtung verlaufende Geländestrukturen sowohl im östlichen Grünland (links) als auch in der Bildmitte, im Verwehungsfeld. Sie heben sich bräunlich von der sonst weißlich-grauen Oberfläche des Feldes ab. Ihretwegen wurde das Luftbild aufgenommen. Der Farbton weist auf „geköpfte" Bodenprofile hin.

Die Blickrichtung des Luftbildes (Bild 40) ist Süden. Die Feldbearbeitung erfolgt von Nord nach Süd, entsprechend der Längserstreckung des Feldes. Im Westen ist das Feld von einer durchgehenden Windschutzhecke begrenzt, was im Luftbild am Schattenwurf deutlich zu erkennen ist. Bei der Geländekontrolle zwei Tage nach der Luftbildaufnahme wurde dann Bodenverwehung beobachtet. Dabei waren die Transportarten der Saltation und der Suspension besonders gut zu unterscheiden (Bilder 6 und 7).

Bild 40: Luftbild zum Verwehungsfall Wallsbüll 1979 (Foto: W. Hassenpflug)

Am Nachmittag des 24.10.1979 frischte der Wind auf. Bei Ankunft auf dem Feld war dann Verwehung zu beobachten, vor allem im südlichen Drittel. An der Bodenoberfläche waren kleine Steine, vor allem kantiger Flintstein, verbreitet. Bild 6 mit Aufnahmestandpunkt im südwestlichen Teil des Feldes zeigt die Situation gegen 13:45 Uhr mit Blickrichtung Süd. Der Sandtransport geht quer über die flachen Furchen der Feldbearbeitung hinweg. Bemerkenswert ist, dass der Transport keineswegs gleichmäßig über die gesamte Breite des Feldes erfolgt, sondern deutlich in mehrere Bahnen intensiven Transports und dazwischen liegende Zonen mit fehlender oder geringer Materialverlagerung gegliedert ist.

5.3.4 Das Verwehungsereignis vom April 1989

Die Verwehung dauerte vom 04. bis zum 05. April 1989. Zum Erliegen kam die Verwehung schon am Nachmittag des 05.04.1989 durch einsetzenden Regen. Das an der Wetterstation Leck für den 04.04. und 05.04.1989 gemessene Stundenmittel der Windgeschwindigkeit lag am 04.04.1989 bei Werten um 8,5 m/s, am 05.04.1989 bei 13,2 m/s. Die Maximalwerte des Stundenmittels erreichten dabei am 06.04.1989 Geschwindigkeiten von 16,5 m/s (Abbildung 24). In Böen wurden am 05.04.1989 Windgeschwindigkeiten bis 23,7 m/s (Windstärke 9) gemessen, am Folgetag bis 28,8 m/s (Windstärke 11). Vorherrschend waren Winde aus Ost (Abbildung 25).

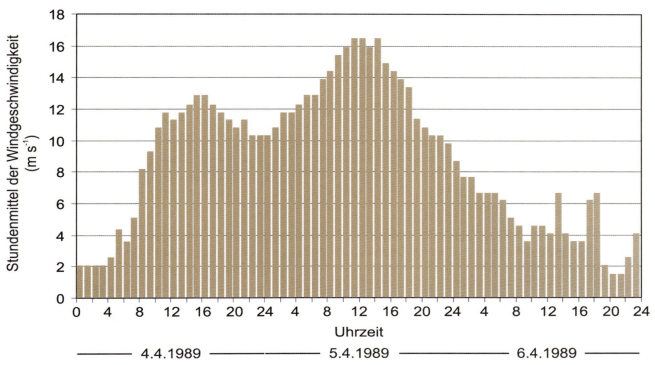

Abbildung 24: Stundenmittelwerte der Windgeschwindigkeit (m/s) für das Winderosionsereignis vom 04.04.1989 bis 06.04.1989 (Station Leck). Datengrundlage: DWD, Station Leck (Entwurf: R. Duttmann)

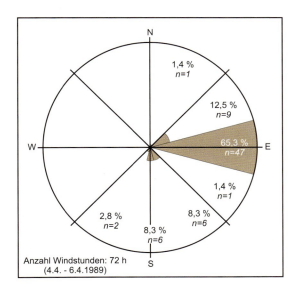

Abbildung 25: Windrichtungsverteilung in Prozent der Windstunden für das Winderosionsereignis vom 04.04.1989 bis 06.04.1989 (Station Leck). Datengrundlage: DWD, Station Leck (Entwurf: R. Duttmann)

Der Verwehungsfall Ellbek

Dieser Verwehungsfall ist ein typischer für die Geest. Die betroffenen Flächen liegen in einem Verbund von vier Äckern mit verschiedenen Formen der Feldbegrenzung und inmitten von Grünland. An diesem Verwehungsfall sind alle Elemente des komplexen Winderosionsgeschehens zu beobachten. Die im Verlaufe des Ereignisses auf den Ackerschlägen bei Ellbekhof am 05.04.1989 und danach am 08.04.1989 beobachteten Verwehungsprozesse und -formen sind in den folgenden Bildern dokumentiert. Der Orientierung dienen die in Karte 10 eingetragenen Blick- und Aufnahmerichtungen. Einen zusätzlichen Überblick gibt das Luftbild (Bild 41). Es wurde am 22.04.1989 mit Blickrichtung nach Norden aufgenommen. Die von Verwehungen betroffene Ackerfläche befindet sich in der Bildmitte. Sie liegt zwei Kilometer südwestlich von Wanderup, östlich der Straße von Wanderup nach Tarp. Ihre Nordwestgrenze bildet der Ellbek-Bach.

Das Luftbild (Bild 41) zeigt trotz zwischenzeitlich erfolgter Bodenbearbeitung noch deutliche Spuren dieses Winderosionsereignisses. Gut erkennbar ist die durch Verwehung geschaffene helle Bodenoberfläche in einer kleinen Fläche am rechten Bildrand. Die Reste des Sandschleiers, der die Ackerschläge in der Bildmitte flächenhaft bedeckte, sind noch zu erahnen. 17 Tage nach dem Verwehungsereignis ist die Vegetationsentwicklung auf dem Grünland und im Getreide deutlich vorangeschritten. Die Sandfahnen entlang der Landstraße dürften deshalb in ihren Spitzen, wo die Sedimentdecke nur dünn war, durchwachsen und weniger kenntlich geworden sein. Die Verwehung erfolgte aus östlicher Richtung, d. h. im Luftbild etwa diagonal von rechts oben nach links unten. Die Bodenbearbeitung auf den Feldern der linken Bildhälfte verläuft quer zur Windrichtung, auf dem Feld an der rechten Bildseite dagegen in Windrichtung. Auf der luvseitigen Hälfte des Ackerkomplexes sind schüttere, niedrige und lückige Hecken und Wälle vorhanden. Die leeseitige Grenze des Ackerkomplexes bildet eine asphaltierte Straße, an der ebenfalls eine lückenhafte Strauch- und Baumreihe ausgebildet ist.

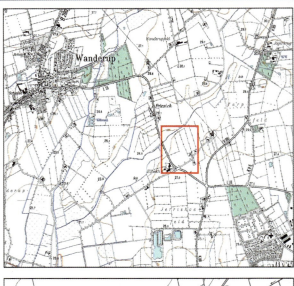

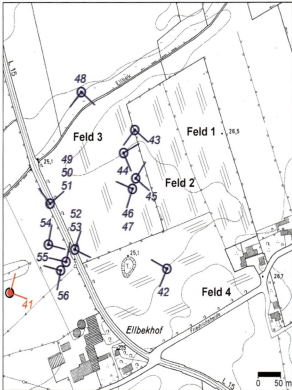

Karte 10: Übersicht über die Kamerapositionen und Blickwinkel zur Bilddokumentation des Verwehungsfalles „Ellbek"; die Zahlen beziehen sich auf die Bildnummern im Text.

Bild 41: Luftbild zum Verwehungsfall Ellbek 1989 (Foto: W. Hassenpflug)

**Verwehungsfall Ellbek:
Materialsortierung auf der Bodenoberfläche**

Die Verwehung verläuft in einem spitzen Winkel zur Bearbeitungsrichtung (Bild 42). Deutlich ist die Materialsortierung auf der Feldoberfläche zu erkennen, mit grobem Sand und Kies in der unteren linken Bildecke und am rechten Bildrand. In den Bearbeitungsfurchen haben sich breite Sandstreifen gebildet, die von einzelnen Steinen und Bodenaggregaten durchragt werden. Bei genauem Hinsehen erkennt man „Mini"-Ablagerungen im Windschutz einzelner Steine. Im hinteren Bildbereich ist eine ausgedehnte Sandablagerung innerhalb des Feldes verschwommen zu sehen; sie setzt sich im leeseitig anschließenden Feld mit der Ausbildung einer Sandfahne fort.

Bild 42: Verwehungsfall Ellbek: Materialsortierung auf einem Verwehungsfeld (Foto: W. Hassenpflug)

**Verwehungsfall Ellbek:
Sandablagerung an einem Feldrain**

Der Feldrain befindet sich zwischen Feld 2 (links) und 3 (Bild 43). Die Blickrichtung ist Süd. Die Verwehung ist auf diesem Feld in vollem Gange. Sie erfolgt von links nach rechts und quer zur Bodenbearbeitung. Der helle Strich im Bildhintergrund zeigt ein gerade besonders aktives Verwehungsprofil, das sich ins Nachbarfeld (Feld 3) fortsetzt. An der mit Gräsern und Sträuchern bewachsenen Feldgrenze lässt sich beobachten, dass an ihr durch Windstau kleinere Sandmengen aus dem nach rechts gerichteten Luftstrom ausfallen. Der größere Teil des transportierten Sandes wird infolge des erhöhten Reibungswiderstandes und der dadurch verringerten Windgeschwindigkeit innerhalb des Grasstreifens sowie unmittelbar im Anschluss daran, d. h. leewärts abgelagert.

Interessant ist, dass auf dem anschließenden Acker (Feld 3) im Bildvordergrund kein Sand abgelagert wird, wohl aber hinter dem schütteren Strauch in der Bildmitte. Dieser Strauch ist also einerseits durchlässig genug für den Sand und bietet andererseits auf seiner Leeseite (rechts) so viel Windschutz, dass der verwehte Sand dort auf dem Acker liegen bleiben kann. Im Bildvordergrund wird er dagegen mangels Windschutzes an entsprechender Stelle sofort weiter verweht; noch feineres Bodenmaterial ohnehin.

Bei dem weiter hinten befindlichen, dunkel erscheinenden dichten Spiräengebüsch stellt sich eine andere Situation dar: zwar ist der leeseitige Windschutz dort höher als bei dem Strauch vorne im Bild, es fehlt aber eine leeseitige Sandfahne. Die Erklärung ist einfach: das Gebüsch ist so dicht und windbremsend, dass der Sand schon darin sedimentiert und für die Bildung der Sandfahne schlicht kein Sand mehr zur Verfügung steht.

Bild 43: Verwehungsfall Ellbek: Sandakkumulation an einer Feldgrenze (Foto: W. Hassenpflug)

Verwehungsfall Ellbek: Sandablagerung an der Leeseite einer Hecke am 05.04.1989

An der Spiräenhecke (vgl. Bild 43) rechts im Bild lassen sich weitere Beobachtungen machen. Im weiter südlich gelegenen Abschnitt wurde während der Verwehung am 05.04.1989 Sand durch das Gebüsch hindurch transportiert und dann im Windschutz der Büsche auf dem Acker abgelagert (Bild 44). Noch weiter südlich, auf einem gebüschfreien Abschnitt und vor dem im Hintergrund sichtbaren Grenzknick zu Feld 4, findet gerade Verwehung statt.

Bild 44: Verwehungsfall Ellbek: Sandablagerung an der Leeseite einer Hecke am 05.04.1989 (Foto: W. Hassenpflug)

Verwehungsfall Ellbek: Sand- und Schluffablagerungen an der Leeseite einer Hecke am 08.04.1989

Betrachtet man nun die Situation (vgl. Bild 44) hinter der Spiräenhecke drei Tage nach der Verwehung, so bietet sich ein anderes Bild (Bild 45): feines, dunkles humoses Bodenmaterial wurde hier in einer nur wenige Zentimeter dicken Schicht abgelagert. Darunter liegt heller Sand. Korngrößenanalysen belegen den Unterschied. Bei nachlassender Windstärke am Nachmittag des 05.04.1989 (Abbildung 24) war die Abbremsung des Luftstroms hinter der Hecke so groß, dass dort auch feines Bodenmaterial abgelagert werden konnte – ein Beispiel dafür, wie sich die zeitliche Dynamik des Verwehungsprozesses in der Differenzierung des Sedimentprofils niederschlägt.

Bild 45: Verwehungsfall Ellbek: Sand- und Schluffablagerungen an der Leeseite einer Hecke am 08.04.1989 (Foto: W. Hassenpflug)

Verwehungsfall Ellbek: Auswehung und Bildung von Steinpflastern

Blickt man am Mittag des 05.04.1989 vom östlichen Bereich des Feldes, etwa 30 m leewärts des Feldrains, so bietet sich immer wieder dasselbe Bild (Bild 46): Sandtreiben und Staubwolken ziehen in Richtung Straße. Sind sie ein Stück weit weg, wird der Blick auf den Boden frei: seine Oberfläche ist eben und dunkel, aus ihr ragen einzelne Steine hell heraus. Bei näherer Betrachtung ist es eine ungewöhnlich starke Steinanreicherung (Bild 47). Ein solches Steinpflaster entsteht durch Auswehung des Feinmaterials um die unverwehbaren Steine herum.

Bild 46: Verwehungsfall Ellbek: Sandtreiben, Staubstransport und Auswehung von Feinboden (Foto: W. Hassenpflug)

Bild 47: Verwehungsfall Ellbek: Steinanreicherung auf der Bodenoberfläche (Foto: W. Hassenpflug)

Verwehungsfall Ellbek:
Hochreichender Suspensionstransport

Der hochreichende, den Horizont verdeckende Suspensionstransport von feinerem Bodenmaterial (Bild 48 - Schluff und organische Substanz) macht den Unterschied zum reinen Sandtransport aus. Die Staubwolken sind so dicht, dass nur über ihnen einzelne Bäume und der Hochspannungsmast sichtbar sind. Die Verwehung setzt sich leewärts fort und trifft hinter einem strauch- und baumbestandenen Feldrain auf die Straße (Bild 49). Wenn der Sand bis an den Rand des Asphalts gelangt ist, wird er – in flachen Schlieren – auf die andere Straßenseite (im Bild nach rechts) geweht, begleitet von Staub- und Sandwolken darüber, die dem Autofahrer die Sicht nehmen (Bild 50).

Bild 48: Verwehungsfall Ellbek: Der Boden fliegt weg - Suspensionstransport (Foto: W. HASSENPFLUG)

Bild 49: Verwehungsfall Ellbek: Sedimenttransport über eine Straße (Foto: W. HASSENPFLUG)

Bild 50: Verwehungsfall Ellbek: Sichtbehinderungen durch Sand und Staub (Foto: W. Hassenpflug)

Verwehungsfall Ellbek: Sandverwehungen und Sandablagerungen

Große Teile des Schlages sind übersandet, die Bearbeitungsspuren kaum noch zu erkennen. An der Feldgrenze und darüber hinweg haben sich mächtige Sandablagerungen gebildet, die bis an die Straße heranreichen (Bild 51).

Bild 51: Verwehungsfall Ellbek: Sandverwehungen und Sandablagerungen am Straßenrand (Foto: W. Hassenpflug)

Verwehungsfall Ellbek:
Wirkungslose Bekämpfungsmaßnahme

Die am Vormittag starke Verwehung (Bild 52) ließ gegen Mittag mit dem Abflauen des Windes nach. Der Auftrag des Gülleschleiers am leeseitigen Feldrand (Bild 53, mittlerer Bildbereich) war vermutlich als „Erosionsbremse" gedacht. Die Maßnahme an dieser Stelle musste zwangsläufig wirkungslos bleiben. Im Unterschied zu dem in der Feldmitte, d.h. im Auswehungsbereich, aufgebrachten Güllestreifen befand sich das vordere Gülleband im Windschutz eines mit Sträuchern bewachsenen Feldrandes. Auch kam die Gülleausbringung als „Sofortbekämpfungsmaßnahme" zu spät. Sie erfolgte zu einem Zeitpunkt als kaum noch Bodenbewegung stattfand - ansonsten wäre der Güllestreifen in der Feldmitte deutlich überweht.

Bild 52: Verwehungsfall Ellbek: Sandakkumulation an einer leeseitigen Feldgrenze (Foto: W. HASSENPFLUG)

Bild 53: Verwehungsfall Ellbek: Unwirksame Winderosionsbekämpfung durch Gülleauftrag (Foto: W. Hassenpflug)

**Verwehungsfall Ellbek:
Sandfahnen auf Grünland**

Der Teil des Sandes, der mit dem Wind über die leeseitige Feldgrenze und die Böschung hinaus transportiert worden ist, wird erneut vom Luftstrom aufgenommen und durch Saltation weiter nach Westen transportiert. Es entstehen Sandfahnen mit einer Länge von bis zu 19 m – in diesem Falle auf Grünland (Bild 54).

Bild 55 macht deutlich, wie der Transportprozess durch Windhindernisse und Geländestufen verändert werden kann. Die Herabsetzung der Windgeschwindigkeit durch die Hecke lässt die gröberen Bodenpartikel (hier Sand) unmittelbar leeseits der ca. 80 cm hohen Geländekante aus dem Transportstrom ausfallen, während die feinen Bodenteilchen über die abgelagerten Sande hinweg durch Suspensionstransport weiter befördert werden.

Bild 54: Verwehungsfall Ellbek: Sandfahnen auf Grünland (Foto: W. HASSENPFLUG)

Bild 55: Verwehungsfall Ellbek: Wirkung von Hecken und Geländestufen auf den Sedimenttransport (Foto: W. HASSENPFLUG)

Verwehungsfall Ellbek: Suspensionstransport zum Höhepunkt des Verwehungsereignisses

Von der Intensität des Suspensionstransportes zum Zeitpunkt der maximalen Windgeschwindigkeit zeugt Bild 56. Der Blick geht in Windrichtung. Durch die dichten Staubwolken sind die Sträucher des 50 m entfernten Knicks kaum noch zu erkennen.

Bild 56: Verwehungsfall Ellbek: Suspensionstransport zum Höhepunkt des Verwehungsereignisses. Blick in Windrichtung von der Position des Bildes 55. (Foto: W. Hassenpflug)

5.3.5 Bodenverwehungen im Frühjahr 2011

Im trockenen und starkwindreichen Frühjahr 2011 kam es in Norddeutschland verbreitet zu Bodenverwehungen. Länger andauernde Winde aus östlichen wie auch aus westlichen Richtungen führten auf den ausgetrockneten Böden zu erheblichen Feinmaterialausträgen. Örtlich beeinflussten treibende Sande und Staubwolken den Verkehr durch Sichtbehinderungen. Sandablagerungen ließen manchen Weg unpassierbar werden (s. Zeitungsausschnitte auf den Seiten 12 und 13).

Wenngleich Bodenverwehungen im Frühjahr 2011 landesweit, vor allem auf den frisch bearbeiteten oder bestellten Äckern auftraten, war die schleswig-holsteinische Geest einmal mehr der am stärksten davon betroffene Landesteil: Bodentrockenheit, Starkwinde aus unterschiedlichen Richtungen und eine geringe Bodenbedeckung auf den ausgedehnten Maisanbauflächen fielen zeitlich zusammen. Verwehungen wie seit langem nicht mehr waren die Folge.

Die Situation am 9.5.2011 wurde mit zahlreichen Schräg-Luftbildern dokumentiert. Schon eine erste Sichtung zeigt

- ausgedehnte und über die Feldgrenzen hinweg reichende Verwehungsspuren auf mit Mais bestellten Ackerflächen (Bild 57 und 58),
- lange, in Windrichtung entwickelte Auswehungsbereiche und humusfreie Sandfahnen (Bild 57 und 58),
- unzureichenden Windschutz im Bereich der besonders von Verwehungen betroffenen Ackerflächen (Bild 58 und 60) und
- die als „Sofortbekämpfungsmaßnahme" nur zum Teil erfolgreiche Auftragung von Güllestreifen (Bild 58).

Bild 57: Bei Weesby: Einfluss der Windwirklänge
Die rechte Bildhälfte zeigt starke Verwehungen auf Ackerflächen, deren Langseite in Hauptwindrichtung weist. Aufgrund der großen Windwirklänge treten hier im Unterschied zu den quer zur Hauptwindrichtung geteilten Schlägen im unteren linken Bildausschnitt deutlich höhere Verwehungsintensitäten auf. (Foto: W. HASSENPFLUG)

Bild 58: Bei Dörpstedt: Verwehung macht nicht an Feldgrenzen Halt!
Fehlender Windschutz an den Feldgrenzen beeinträchtigt auch die Nachbarflächen. Der Versuch, Bodenverwehungen durch streifenweisen Auftrag von Gülle zu unterbinden, war nur zum Teil erfolgreich oder kam zu spät. (Foto: W. HASSENPFLUG)

Bild 59: Am Dannewerk: Bodenverwehung bedeutet Humusverlust!
Die in der Windfahne abgelagerten Sande sind nahezu humusfrei. Die organische Substanz wurde ausgeweht.
(Foto: W. Hassenpflug)

Bild 60: Bei Hollingstedt: Die Bodenbedeckung macht's!
Nur die frisch bearbeiteten und unbedeckten Ackerflächen sind von Winderosion betroffen. Unzureichender Windschutz trägt sein Übriges zur Auswehung bei. (Foto: W. Hassenpflug)

6. Die potenzielle Winderosionsgefährdung in Schleswig-Holstein

Als potenzielle Winderosionsgefährdung wird die Anfälligkeit eines vegetationsfreien, trockenen Bodens gegenüber den Transportkräften des Windes bezeichnet. Sie ergibt sich aus dem Zusammenwirken der nicht oder nur in geringem Umfange durch den Menschen veränderbaren Standortfaktoren (Erodierbarkeit des Bodens, Erosivität des Klimas) und den Nutzungsstrukturen (Acker, Grünland, Wald, Siedlungsflächen, Gehölze, Hecken, Feldgrößen) einer Landschaft. Eine **Standardmethode** für die Abschätzung der potenziellen Winderosionsgefährdung ist die **DIN 19706** „Ermittlung der Erosionsgefährdung von Böden durch Wind" (NAW 2004). Diese Methode berücksichtigt einfache bodenkundliche Kenngrößen (Korngrößenverteilung und Gehalte an organischer Substanz), klimatologische Messgrößen (langjährige Mittelwerte der Windgeschwindigkeit und Windrichtung) und die Windschutzwirkungen von Landschaftselementen wie Hecken, Knicks und Baumreihen. Ihr liegen folgende vereinfachende Annahmen zugrunde:

- die Bodenoberfläche ist vegetationsfrei, Fruchtfolgen und der Einsatz bodenschonender Bewirtschaftungspraktiken werden nicht berücksichtigt;
- die Ableitung der Erodierbarkeitsstufe erfolgt für trockene Böden;
- der Bodenfeuchtezustand wird nicht berücksichtigt;
- die im Jahresgang variierende Durchlässigkeit natürlicher Windhindernisse wird nicht erfasst;
- die Geländeoberfläche ist eben.

Die Vorgehensweise zur Bestimmung der Erosionsgefährdung zeigt Abbildung 26. Das Schätzverfahren zielt auf die qualitative Darstellung der Gefährdungssituation landwirtschaftlich genutzter Flächen und die Ausweisung von Flächen mit entsprechender Gefährdungsdisposition ab. Die potenzielle Gefährdung des Bodens durch Wind wird in Form ordinal skalierter Gefährdungsstufen ausgedrückt (s. Tabelle 15). Eine Quantifizierung des windbedingten Bodenaustrages ist mit diesem Verfahren nicht möglich. Hierzu bedarf es komplexerer Modelle.

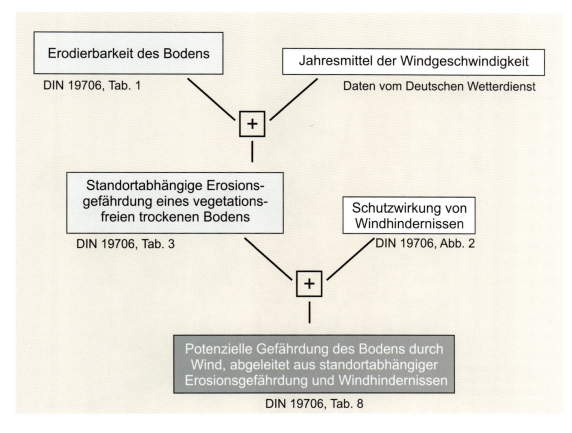

Abbildung 26: Schema zur Ableitung der potenziellen Winderosionsgefährdung nach DIN 19706. Quelle: NAW (2004)

Tabelle 15: Stufen der potenziellen Winderosionsgefährdung nach DIN 19706 und der Direktzahlungen-Verpflichtungenverordnung (DirektZahlVerpflV). Quelle: NAW (2004)

Winderosionsgefährdungsstufe nach DIN 19706	Bezeichnung	Gefährdungsklasse nach Cross Compliance	Maßnahmenstufe nach Cross Compliance
$E_{nat}0$	keine Erosionsgefährdung		keine Maßnahmen
$E_{nat}1$	sehr geringe Erosionsgefährdung		
$E_{nat}2$	geringe Erosionsgefährdung		
$E_{nat}3$	mittlere Erosionsgefährdung		
$E_{nat}4$	hohe Erosionsgefährdung		
$E_{nat}5$	sehr hohe Erosionsgefährdung	CC_{Wind}	Maßnahmen

Eine auf der Grundlage der DIN 19706 (NAW 2004) vorgenommene Abschätzung des auf die Gemeindefläche bezogenen Anteils landwirtschaftlich genutzter Böden mit hoher potenzieller Winderosionsgefährdung zeigt Karte 11. Danach weisen vor allem die im Bereich der Lecker Geest, der Schleswiger Vorgeest, der holsteinischen Vorgeest und der Barmstedt-Kisdorfer Geest gelegenen Gemeinden größere Flächenanteile mit hoher potenzieller Winderosionsgefährdung auf. Die im Bereich des Oldenburger Grabens ausgewiesene höhere Erosionsgefährdung ist vor allem auf das Auftreten von Niedermoortorfen zurückzuführen, die bei vegetationsfreier Oberfläche und nach Entwässerung leicht erodierbar sind. Landesweit sind nach Angaben des Ministeriums für Landwirtschaft, Umwelt und ländliche Räume (MLUR) 5,3 % (ca. 57.000 ha) der schleswig-holsteinischen landwirtschaftlichen Fläche mit einem sehr hohen Gefährdungspotenzial durch Winderosion eingestuft (HENNING & BOYENS 2010, S. 25).

Die für ausgewählte Geestgemeinden berechneten Flächenanteile der einzelnen Winderosionsgefährdungsstufen stellt Karte 12 dar.

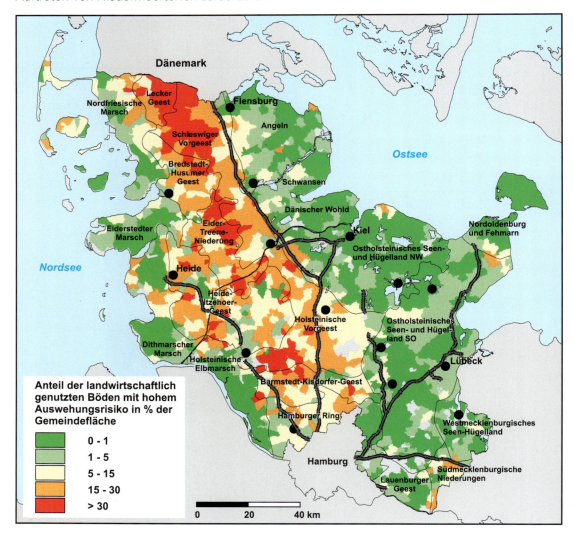

Karte 11: Flächenanteil landwirtschaftlich genutzter Böden mit hoher potenzieller Winderosionsgefährdung in % der Gemeindefläche

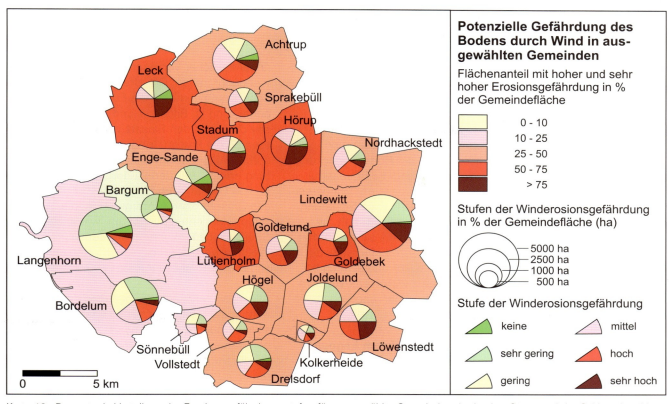

Karte 12: Prozentuale Verteilung der Erosionsgefährdungsstufen für ausgewählte Gemeinden der Lecker Geest und der Schleswiger Vorgeest

7. Winderosionsschutzmaßnahmen

Entsprechend den Grundsätzen für die gute fachliche Praxis der landwirtschaftlichen Bodennutzung (§ 17 Bundes-Bodenschutzgesetz (BBodSchG)) sind Bodenabträge durch eine standortangepasste Nutzung, insbesondere durch Berücksichtigung der Wasser- und Windverhältnisse sowie der Bodenbedeckung möglichst zu vermeiden und die Bodenstruktur zu erhalten oder zu verbessern. Winderosionsschutz zielt auf die nachhaltige Sicherung der Bodenfruchtbarkeit und den Erhalt der Leistungsfähigkeit des Bodens als natürlicher Ressource ab. Er beugt somit einerseits der Degradation des Bodens vor und schützt benachbarte Ökosysteme andererseits vor dem Eintrag von Sedimenten, Nähr- und Schadstoffen.

Der Winderosion kann wirksam begegnet werden. Winderosionsschutzmaßnahmen zielen dabei sowohl auf die Abbremsung der Windgeschwindigkeit als auch auf die Stabilisierung der Bodenoberfläche bzw. des Bodengefüges ab. **Beispiele für Maßnahmen**, die die Winderosion im Sinne der Vorsorge vermindern können, sind (vgl. BMVEL 2001):

- **allgemeine ackerbauliche Erosionsschutzmaßnahmen**
    - Verringerung der Zeiträume ohne Bodenbedeckung, z. B. durch Fruchtfolgegestaltung, Zwischenfrüchte und Strohmulch oder durch das Belassen von Stoppeln auf dem Feld.

- **erosionsmindernde Bodenbearbeitungs- und Bestellverfahren**
    - Konservierende Bodenbearbeitung mit Mulchsaat möglichst im gesamten Verlauf der Fruchtfolge, vor allem zu den von Erosion besonders betroffenen Fruchtarten wie Mais.

- **erosionsmindernde Flurgestaltung**
    - Anlage paralleler Windschutzstreifen (z. B. Grünstreifen) quer zur Hauptwindrichtung,
    - Schlagunterteilung durch Anlage von Erosionsschutzstreifen (Gehölze) und Windschutzstreifen quer zu Hauptwindrichtung.

7.1 Kurzfristig wirksame Schutzmaßnahmen

Als kurzfristige Schutzmaßnahmen werden solche Maßnahmen bezeichnet, deren erosionsmindernde Effekte direkt oder nur mit geringer zeitlicher Verzögerung nach ihrer Anwendung greifen. Die effektivste kurzfristige Schutzmaßnahme ist die Erhöhung der Bodenbedeckung (s. Bilder 17 und 18). Dieses kann sowohl durch den Einsatz von Zwischenfrüchten und die Fruchtfolgegestaltung als auch durch Mulchsaat mit oder ohne Saatbettbereitung erreicht werden. Zudem stellen die Anlage von Grünstreifen (Erosionsschutzstreifen) aus Gräsern oder Wintergetreide, die quer zur Hauptwindrichtung verlaufen, wie auch der Streifenanbau mit einem streifenweisen Wechsel verschiedener Fruchtarten eine wirksame Schutzmaßnahme dar.

Alle diese Maßnahmen, ob einzeln oder in Kombination eingesetzt, dienen nicht nur der Abschirmung des Bodens vor den direkt angreifenden Kräften des Windes. Sie erhöhen gleichzeitig die Oberflächenrauigkeit und führen so zu einer Verringerung der Windgeschwindigkeit in Bodennähe. Die konservierende Bodenbearbeitung, besonders die Mulchsaat ohne Saatbettbereitung, wirkt sich darüber hinaus mittelfristig positiv auf den Gehalt an organischer Bodensubstanz, d. h. auf den Erhalt bzw. auf die Entwicklung eines stabilen Bodengefüges, aus.

Auch Untersaaten zu spät deckenden Kulturen mit weitem Reihenabstand wie Mais bieten einen guten Winderosionsschutz. Sie erhöhen den Bodenbedeckungsgrad und die Oberflächenrauigkeit besonders in Zeiten geringer Bodenabschirmung durch die Hauptfeldfrucht. Aufgrund der starken Konkurrenz mit der Hauptfrucht um Licht, Nährstoffe und insbesondere um Wasser ist ein möglicher Einsatz von Untersaaten jeweils standortbezogen zu beurteilen.

Auch die kurzfristige Ausbringung eines dünnen Gülleschleiers oder von Mist zu Beginn eines Verwehungsereignisses unter Beachtung der einschlägigen rechtlichen Regelungen hat eine erosionsvermeidende Wirkung (Bild 61).

Seltener werden dagegen Substanzen wie Polyvinylacetat-Emulsionen und Polyacrylamid, Abfallprodukte aus der Papierindustrie sowie Produkte auf Basis von Weizenstärke, Calcium-Lignosulfonat und Magnesium-Lignosulfonat verwendet (RIKSEN u.a. 2003). Sie werden meist nur zum Schutz wertvoller Kulturen ausgebracht. Dabei ist die nationale Genehmigungslage zu beachten. Die genannten Maßnahmen dienen der Verklebung der obersten Bodenschicht und tragen somit direkt zur Verringerung der Bodenerodierbarkeit bei. Aus

Gründen des Gewässerschutzes sind die Ausbringung von Gülle oder der anderen o. g. Substanzen nur als „letztes Mittel" zur Abwehr akuter Auswehungsrisiken zu betrachten. Maßnahmen wie diese sind zudem nur symptombekämpfend und setzen nicht an der Wurzel des Problems an.

Eine zumeist überbetriebliche und letztlich auch nur symptombekämpfende Maßnahme ist das Aufstellen von Windschutzzäunen. Windschutzzäune haben unter Bodenschutzaspekten kaum Bedeutung und dienen vor allem der Vermeidung unerwünschter Sandablagerungen auf Straßen, Schienen und in Gräben.

Bild 61: Gülleausbringung mit erosionsvermeidender Wirkung (Foto: R. DUTTMANN)

7.2 Langfristig wirksame Schutzmaßnahmen

Langfristige Schutzmaßnahmen zielen u. a. auf die dauerhafte Verringerung der bodennahen Windgeschwindigkeit und die Erosionsvermeidung ab. Zu den klassischen Windschutzmaßnahmen zählt die Anlage von Windschutzhecken oder von Knicks. Eine weitere, praktisch aber nur schwer zu realisierende Maßnahme bildet die Flurneuordnung, die in winderosionsgefährdeten Gebieten auf eine optimale Ausrichtung des Windhindernissystems und der Geometrie der Ackerschläge sowie auf die Verkürzung der erosiven Feldlänge abzielen sollte.

7.3 Regelungen nach Cross Compliance (Direktzahlungen-Verpflichtungengesetz) für Flächen mit hoher potenzieller Winderosionsgefährdung

Böden sind im Rahmen von Cross Compliance vor Erosion zu schützen. Erosions-Vermeidungsmaßnahmen werden dann erforderlich, wenn für Ackerflächen eine sehr hohe Winderosionsgefährdung ermittelt wurde. Die Einstufung der Erosionsgefährdung basiert auf dem vorhandenen Regelwerk nach DIN 19706 (Winderosion, NAW 2004).

Die Erosionsgefährdung wird in Schleswig-Holstein (sowie in vielen anderen Bundesländern) für den Feldblock als Flächeneinheit berechnet.

Ein Feldblock ist von relativ stabilen Außengrenzen wie Knicks, Gräben und Straßen umgeben und kann mehrere Schläge enthalten.

Für Ackerflächen, die in die höchste Stufe der Winderosionsgefährdung fallen (CC_{Wind} bzw. DIN-Stufe $E_{nat}5$), gelten nach der „Verordnung über die Grundsätze der Erhaltung landwirtschaftlicher Flächen in einem guten landwirtschaftlichen und ökologischen Zustand (Direktzahlungen-Verpflichtungenverordnung – DirektZahlVerpflV), zuletzt geändert durch Verordnung vom 15.04.2011, **folgende Bewirtschaftungsauflagen**:

1. Der Betriebsinhaber darf eine Ackerfläche, die der Winderosionsklasse CC_{Wind} zugehört und die nicht in eine besondere Fördermaßnahme zum Erosionsschutz fällt, nur bei Aussaat vor dem 1. März pflügen. Abweichend hiervon ist das Pflügen, außer bei Reihenkulturen, ab dem 1. März nur bei einer unmittelbar folgenden Aussaat zulässig.

2. Das Verbot des Pflügens bei Reihenkulturen gilt jedoch nicht, wenn vor dem 1. Dezember Grünstreifen in einer Breite von mindestens 2,5 Metern und in einem Abstand von maximal 100 Metern quer zur Hauptwindrichtung eingesät werden oder im Falle des Anbaus von Kartoffeln, wenn die Kartoffeldämme quer zur Hauptwindrichtung angelegt werden.

8. Wie kann man Winderosion erfassen oder abschätzen?

8.1 Messungen

Die Erfassung von Winderosionsprozessen im Gelände ist zeitlich und messtechnisch ausgesprochen aufwändig. Die Quantifizierung von Austrags-, Transport- und Depositionsmengen ist deshalb in der Regel auf vergleichsweise kleine Felder oder Testflächen beschränkt. Zur Erfassung der mit dem Wind transportierten Sedimentmenge werden vielfach passive Sedimentfallen eingesetzt. Gängige Sedimentfallen sind dabei u. a. der so genannte MWAC- (Modified Wilson and Cooke-)Sampler (Bild 62) oder die Suspended Sediment Trap (SUSTRA; Bild 63) (FRYREAR 1986; GOOSSENS u.a. 2000). Sie gestatten das Auffangen von Sedimenten bei wechselnden Windrichtungen. Der MWAC-Sampler ist zudem in der Lage, den Sedimenttransport in vertikaler Differenzierung zu erfassen. Ein ebenfalls passives Messverfahren ist das Saltiphon (VISSER u.a. 2004). Im Unterschied zu den Sedimentfallen sammelt es das Material nicht, sondern misst den Partikelaufschlag akustisch. Bei der Messung werden Zeitpunkt, Dauer und Intensität des Transportvorganges aufgezeichnet. Abweichend von den passiven Sammlersystemen saugen aktive Sedimentfallen Luft mit dem darin transportierten Material über einen Filter ein. Derartige Fallen sind besonders für die Erfassung von in Suspension transportierten Stäuben geeignet.

Bild 62: Sedimentfalle (Modified Wilson and Cooke (MWAC-)Sampler). Die Sammelgefäße sind in unterschiedlichen Höhen über dem Boden angebracht. Eine Windfahne sorgt für die ständige Orientierung der Auffangöffnungen in Windrichtung. (Foto: R. DUTTMANN)

Bild 63: Sedimentfalle (Suspended Sediment Trap (SUSTRA)). Das Sediment wird im Inneren der Falle von einem Sammelgefäß aufgenommen. Der Sedimentsammler steht auf einer Waage, die die Gewichtsänderung im Gefäß kontinuierlich erfasst. Die Messwerte werden von einem Datenlogger aufgezeichnet. (Foto: R. Duttmann)

8.2 Kartierungen

Zur gebietshaften Erfassung von Bodenverwehungen und Winderosionsschäden bieten sich Kartierungen an. Sie sind unmittelbar im Anschluss an ein Erosionsereignis durchzuführen. Mit Hilfe eines dGPS (Differential Global Positioning System) können dabei sowohl Auswehungs- als auch Depositionsbereiche mit hoher Flächenschärfe abgebildet werden. Eine wichtige Ergänzung zu den Schadenkartierungen bildet die Auswertung von Luftbildern zeitgleicher Befliegungen. Kartierungen und Luftbilder liefern in der Regel flächenhafte Informationen zum aktuellen Schadensausmaß und zu den Verwehungsformen (Karte 13). Letztere lassen sich mit vorhandenen Landschaftsstrukturelementen wie Feldgrenzen, Gebüschreihen, Hecken und Baumreihen in Beziehung setzen und für die konkrete Planung von Winderosionsschutzmaßnahmen heranziehen.

Eine Quantifizierung der Austrags- und Depositionsmengen ist mittels Feld- und Luftbildkartierung nur eingeschränkt möglich. Auf Sandböden lassen sich immerhin Größenordnungen der in Sandfahnen oder an Hindernissen deponierten Sedimentmenge abschätzen. Voraussetzung hierfür ist allerdings die gleichzeitige Bestimmung der Sedimentmächtigkeiten im Akkumulationsgebiet.

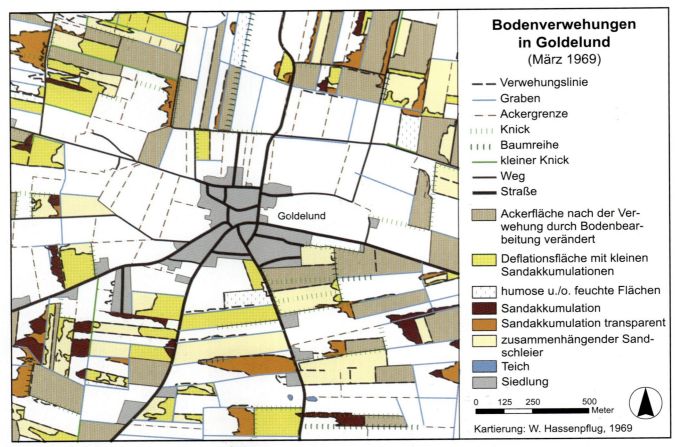

Karte 13: Bodenverwehungen in der Gemeinde Goldelund nach einem Verwehungsereignis vom März 1969 (Kartierung: W. HASSENPFLUG (1969))

8.2.1 Beispiele für die Kartierung von Verwehungsereignissen

Zur Erfassung akuter Verwehungsereignisse ist das Luftbild aufgrund seiner Flächendeckung und Ausmessbarkeit hervorragend geeignet, sofern die Aufnahme zeitnah nach einem Verwehungsereignis erfolgt. Dies war für das Verwehungsereignis im Jahr 1969 der Fall (s. Kap. 5.4). So konnten die Verwehungsspuren dieses Ereignisses mit Hilfe von Reihenmesskammer-Luftbildern kartiert und auf 50 Kartenblätter der Deutschen Grundkarte (DGK) 1:5.000 übertragen werden.

Ein Beispiel für eine solche Kartierung stellt Karte 14 für das DGK-Blatt „Goldelund" (Rechts 3506, Hoch 6060) dar. Es handelt sich dabei um die erste handbearbeitete Fassung der Kartierung. Aus dem umfangreichen Karteninhalt seien an dieser Stelle nur die in grauer Farbe eingezeichneten Deflationsflächen und die mit roter Farbe gekennzeichneten Sandablagerungen auf den leeseitigen Feldern herausgegriffen. Die aus dem digitalen Datensatz zu dieser Karte gezielt extrahierbaren Auswehungsflächen und Sandfahnen zeigt Karte 15.

Auf derartigen Verwehungskartierungen können im Folgenden weitere Anwendungen aufsetzen. Dieses sind:

- die Ausmessung der von Verwehung betroffenen Fläche und die Erstellung von Flächenbilanzen,
- die Erfassung der Depositionsbereiche und die näherungsweise Abschätzung der meist in Sandfahnen abgelagerten Sandmengen,
- die Überprüfung der mit Modellen flächendifferenziert vorhergesagten Winderosionsgefährdungen,
- die Planung betrieblicher oder überbetrieblicher Winderosionsschutzmaßnahmen und
- die Auswahl und Festlegung von Flächen für die Boden-Dauerbeobachtung, wie im Falle der BDF 4 in Goldelund.

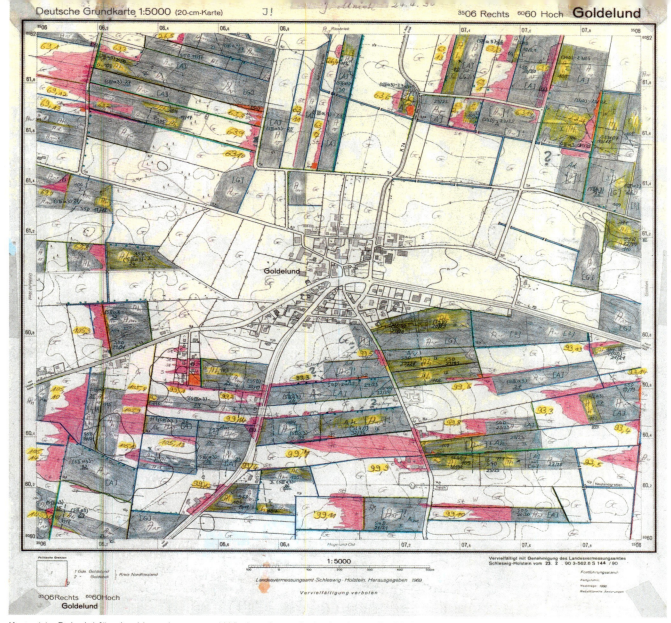

Karte 14: Beispiel für eine Verwehungs- und Winderosionsschadenkartierung im Maßstab 1:5.000 (DGK 5, Blatt Goldelund).
Quelle: HASSENPFLUG (1969, unveröffentl. Originalkarte)

8.2.2 Auswertung von Verwehungskartierungen

Beispiel 1: Das Verwehungsereignis vom März 1969 in der Gemeinde Goldelund

Die Auszählung aller Verwehungsfälle mit Sandfahnen auf den leeseitig an die Auswehungsflächen anschließenden Feldern ergab für das 1969er-Ereignis eine Zahl von 112. Die mittlere Länge dieser Sandfahnen betrug 61 m. Dahinter steht eine Verteilung, bei der fünf Sandfahnen die Länge von 150 m deutlich überschritten, die längste erreichte sogar 460 m (!). Sie ist in Karte 15 südlich des Ortskerns deutlich zu erkennen.

Eine Flächenbilanz für die vier Kartenblätter der DGK 5 im Gebiet Goldelund (1.600 ha) sieht – in Zahlen ausgedrückt – so aus:
- leeseitige Sandfahnen nehmen 16 % der Ackerfläche von 308 ha ein, was einer Fläche von 49,5 ha entspricht,
- pro Hektar Ackerland sind 72 t Boden umgelagert worden - bei Annahme einer mittleren Akkumulationsmächtigkeit von 3 cm und einer Lagerungsdichte des Sandes von 1,5 g/cm^3.

Wenn man darüber hinaus berücksichtigt, dass auch innerhalb der von Auswehung betroffenen Ackerflächen etwa ein Drittel diffuser Akkumulationsfläche vorhanden ist und dass etwa 10 % des Ausgangsmaterials durch Suspension weitertransportiert worden sind, kommt man sogar auf Bodenverluste von 100 t/ha Deflationsfläche im Verlaufe dieses Ereignisses (HASSENPFLUG 1981).

Karte 15: Auswehungsflächen und Sandfahnen in Goldelund nach einem Winderosionsereignis im März 1969. Quelle: HASSENPFLUG (1989, S. 80)

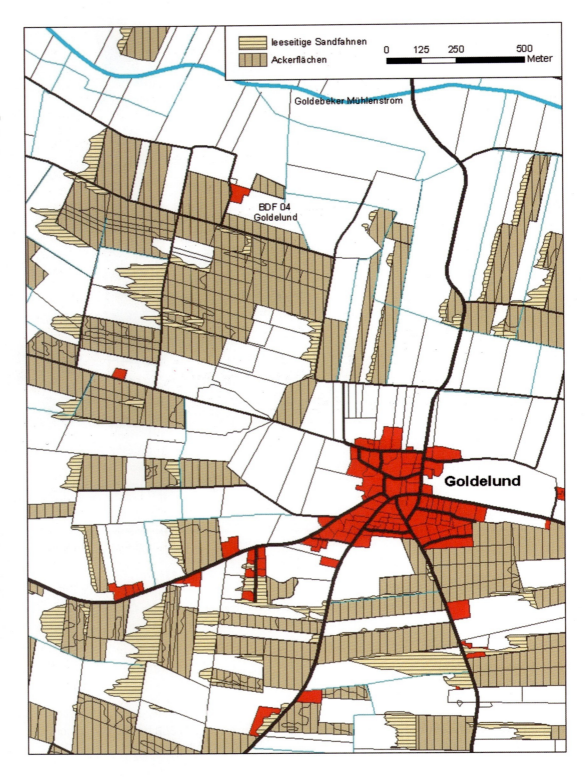

Beispiel 2: Das Verwehungsereignis vom März 1969 in der Gemeinde Nordhackstedt

Von den 359 ha Ackerland waren 278 ha (78 %) von Verwehungen betroffen. Bei 142 ha zeigten sich Sandumlagerungen innerhalb des jeweiligen Feldes, bei 137 ha waren Sandumlagerungen über die leeseitigen Feldgrenzen hinweg ausgebildet. Diese führten zur Bildung von Sandfahnen mit insgesamt 52 ha Fläche. Nur 80 ha Ackerland waren nicht betroffen. Bei einer konservativen Schätzung von 2 bis 3 cm Mächtigkeit für die Sandfahnen ergibt sich eine feldgrenzenüberschreitende Sandmenge von 10.420 bis 15.630 m³ oder, umgerechnet auf das 137 ha große Herkunftsgebiet, eine flächenhafte Kappung des A-Horizontes um 1 cm. Bei einer Dichte des Sandes von 1,5 g/cm³ ergibt das 15.000 bis 20.000 t oder, auf die Fläche von 137 ha bezogen, einen Austrag von etwa 110 bis 146 t/ha. In dieser Berechnung nicht berücksichtigt sind die feldinterne Umlagerung und der Bodenverlust des Feldes durch den Abtransport per Suspension. Wenn man diesen mit 10 % der Sandmasse veranschlagt, ergeben sich Gesamtwerte von 120 bis 160 t/ha.

8.3 Schätzverfahren und Modelle

Zur Abschätzung des windbedingten Bodenaustrages kommt weltweit eine Reihe an Modellen mit unterschiedlicher räumlicher, zeitlicher und prozessualer Auflösung zur Anwendung (Tabelle 16). Neben einfacheren empirisch-statistischen Verfahren, wie der Wind Erosion Equation (WEQ) (WOODRUFF & SIDDOWAY 1965) und ihrer Weiterentwicklung, der Revised Wind Erosion Equation (RWEQ) (COMIS & GERRIETTS 1994, FRYREAR 1998, FRYREAR u.a. 2000), werden prozessbasierte Modelle eingesetzt, die auf einer exakteren Beschreibung der einzelnen Teilprozesse der Winderosion beruhen. Ein Beispiel hierfür ist das Wind Erosion Prediction System (WEPS) (HAGEN 1991), welches als Standardwerkzeug des USDA Soil Conservation Service fungiert (WAGNER & HAGEN 2001, TATARKO & WAGNER 2002). Ein weiteres Modell, das den gesamten Winderosionsprozess von der Ablösung über den Transport bis hin zur Sedimentation abbildet, ist das Texas Tech Wind Erosion Analysis Model (TEAM) (GREGORY u.a. 2004). Dieses ermöglicht neben der Modellierung von Einzelereignissen auch die Berechnung mittlerer langjähriger Bodenabträge (GREGORY & DARWISH 2002, BACH 2008). Die Übertragbarkeit der in den USA entwickelten Modelle auf europäische Verhältnisse ist nur bedingt und erst nach einer umfassenden Anpassung sinnvoll möglich. Ein für Mitteleuropa konzipiertes Modell ist das System WEELS (Wind Erosion on European Light Soils) (BÖHNER u.a. 2003, BÖHNER u.a. 2004). Dieses Modell gestattet die räumlich differenzierte Berechnung des Bodenabtrages durch Wind und der Nettotransportbilanz.

Zur Abschätzung der Winderosionsgefährdung für praktische Fragestellungen werden vielfach einfachere Schätzverfahren eingesetzt, die flächenhaft gut verfügbare Daten verwenden. Eine Übersicht über die in der Bundesrepublik Deutschland für Bodenschutzzwecke häufig verwendeten Verfahren gibt die „Methodendokumentation Bodenkunde" (BGR 2000). Als Standardverfahren für die Abschätzung der Winderosionsgefährdung, das auch zur Bestimmung der potenziellen Erosionsgefährdung durch Wind gemäß DirektZahlVerpflV eingesetzt wird, fungiert die DIN 19706 (NAW 2004).

Modell/ Schätzverfahren	Quelle	Modellergebnis
Empirische M.		
WEQ	Woodruff & Siddoway (1965)	mittlerer jährlicher Bodenabtrag (kg ha^{-1} a^{-1})
RWEQ	Fryrear, Bilbro & Saleh (1998)	mittlerer jährlicher Bodenabtrag (kg ha^{-1} a^{-1})
WESS	Sharpley & Williams (1990)	ereignisbezogener Bodenabtrag (kg ha^{-1}) und langjähriger mittlerer Bodenabtrag (kg ha^{-1} a^{-1})
EfpA	Capelle & Lüders (1985)	potenzielle Erosionsgefährdung von Mineralböden durch Wind - Gefährdungsstufen, ordinal
DIN 19706	NAW (2004)	Erosionsgefährdung von Böden durch Wind - Gefährdungsstufen, ordinal
Prozessbasierte M.		
WEPS	Hagen (1991)	ereignisbezogener Bodenabtrag (kg ha^{-1}) und langjähriger mittlerer Bodenabtrag (kg ha^{-1} a^{-1})
WEELS	Böhner u.a. (2003, 2004)	Nettotransportbilanz (kg ha^{-1})
TEAM	Gregory u.a. (2004)	ereignisbezogener Bodenabtrag (kg ha^{-1}) und langjähriger mittlerer Bodenabtrag (kg ha^{-1} a^{-1})
WEAM	Shao u.a. (1994)	Staubquellstärke - dimensionslos
IWEMS	Shao (2000)	Staubquellstärke - dimensionslos
AUSLEM	Webb u.a. (2006)	Staubaustragsgefährdung - dimensionslos

Tabelle 16: Ausgewählte Methoden und Modelle zur Ermittlung des Bodenaustrages durch Wind und zur Abschätzung der Winderosionsgefährdung. Entwurf: M. BACH (zusammengestellt nach verschiedenen Quellen)

9. Bodenschutz in Schleswig-Holstein

Als unverzichtbare Lebens- und Nahrungsgrundlage für Pflanze, Tier und Mensch sowie als prägendes Element für Natur und Landschaft stellt Boden neben Luft und Wasser ein drittes Umweltmedium dar. Dadurch, dass er massiv und stabil wirkt sowie als Immobilie gehandelt und Eigentümern zugeordnet wird, unterscheidet er sich jedoch maßgeblich von Wasser und Luft.

Der Bund hat seine Gesetzgebungskompetenz für den Schutz des Bodens in einem eigenen Gesetz, dem Bundes-Bodenschutzgesetz (BBodSchG), und einer dazugehörigen Verordnung, der Bundes-Bodenschutz- und Altlastenverordnung (BBodSchV), im Verhältnis zum Schutz von Wasser und Luft spät genutzt.

In den Zuständigkeitsbereich der Länder fallen der Vollzug des Bundes-Bodenschutzgesetzes sowie die Möglichkeit, ergänzende Verfahrensregelungen zu erlassen. Das Land Schleswig-Holstein nutzte diese Möglichkeit mit Verabschiedung eines Landesbodenschutz- und Altlastengesetzes (2002/2007), einer Landesverordnung über die Zuständigkeit der Bodenschutzbehörden (2007) und der Landesverordnungen zur Anerkennung von Sachverständigen und Untersuchungsstellen für Bodenschutz und Altlasten (2003/2007), die im Land die unmittelbaren rechtlichen Grundlagen für den Bodenschutz bilden.

Der Zweck des Bodenschutzrechtes (§ 1 BBodSchG) besteht darin, "nachhaltig die Funktionen des Bodens zu sichern oder wiederherzustellen. Hierzu sind schädliche Bodenveränderungen abzuwehren, der Boden und Altlasten sowie hierdurch verursachte Gewässerverunreinigungen zu sanieren und Vorsorge gegen nachteilige Einwirkungen auf den Boden zu treffen".

Durch diese Formulierung wurden die Vorsorge, die Abwehr sowie die Sanierung von Bodenbelastungen – der vorsorgende Bodenschutz und die Altlastensanierung – in einem Regelwerk zusammengefasst. Hierzu wurden einheitliche Beurteilungsmaßstäbe – im stofflichen Bereich durch Vorsorge-, Prüf- und Maßnahmenwerte – als zentrales Instrument geschaffen.

Ein zentraler Begriff des Bodenschutzes ist die "**schädliche Bodenveränderung**", der rechtlich als Beeinträchtigung von Bodenfunktionen definiert wird, von der Gefahren, erhebliche Nachteile oder Belästigungen ausgehen. Damit beinhaltet das Bodenschutzrecht neben den Grundsätzen der Nachhaltigkeit und der Vorsorge den Grundsatz der Gefahrenabwehr.

Der Bodenschutz fand jedoch auch schon vor dem Bundes-Bodenschutzgesetz rechtliche Berücksichtigung, was sich in den Einschränkungen seines Geltungsbereiches (§ 3 BBodSchG) verdeutlicht. Maßstäbe des Bundes-Bodenschutzgesetzes werden nur soweit wirksam, wie Vorschriften anderer Gesetze und Regelwerke Einwirkungen auf den Boden nicht bereits regeln. Diese Tatsache des eingeschränkten Geltungsbereiches vereinfacht den rechtlichen Vollzug des Bodenschutzes nicht.

Das zentrale Schutzgut Boden erfüllt im Sinne der Nachhaltigkeit natürliche Funktionen (Lebensraum und -grundlage, Stoffprozesse sowie Puffer- und Filterfunktionen), Funktionen als Archiv der Natur- und Kulturgeschichte und Nutzungsfunktionen (Rohstofflagerstätte, Produktionsstandort der Land- und Forstwirtschaft, Bereitstellung von Raum für Wirtschaft, Siedlung, Freizeit, Ver- und Entsorgung).

Mit dieser Formulierung der Bodenfunktionen im Bundes-Bodenschutzgesetz werden Spannungsfelder zwischen den natürlichen Bodenfunktionen und Nutzungsfunktionen, die Belastungen des Bodens beinhalten, sowie den Ansprüchen des vorsorgenden und nachsorgenden Bodenschutzes und der Bodennutzung deutlich. Die konkurrierenden Bodennutzungsansprüche erfordern darüber hinaus einen noch sorgsameren Umgang mit dem Boden.

Die Einwirkungen auf den Boden sowie die Prozesse, Entwicklungen und Umlagerungen im Boden sind enorm vielfältig und komplex. Ein gesetzlich fixierter und nachhaltiger Schutz des Bodens hat daher für seine Funktionsfähigkeit eine starke Bedeutung.

Die Belastungen des Bodens lassen sich teilen in **stoffliche**, bei der durch Eintrag Fremdstoffe gegebenenfalls als Schadstoffe in den Boden eingetragen werden, sowie in **nichtstoffliche Belastung**, bei der durch Einwirkung die Natur und der Zustand des Bodens durch Versiegelung, Verdichtung, Verschlämmung oder Ab- und Auftrag verändert werden.

Zahlreiche rechtliche und fachliche Regelwerke und ein verbessertes Umweltbewusstsein bewirken, dass sich heute stoffliche Bodenbelastungen vornehmlich in Altlasten früherer

Umweltverschmutzungen und in flächenhaften Einträgen über Luft und Wasser manifestieren.

Nichtstoffliche Belastungen lassen sich dagegen schwerer greifen, da häufig keine unmittelbare Beeinträchtigung des Menschen besteht. Belastungsgrenzen lassen sich schwerer definieren als stoffliche Vorsorge-, Prüf- und Maßnahmenwerte.

Im städtischen Bereich sind vor allem Flächeninanspruchnahme und Versiegelung, im ländlichen Raum Verdichtung und Erosion von Bedeutung.

Bodenschutz kann als Querschnittsaufgabe nur übergreifend durch Maßnahmenbündel zu Erfolgen führen. Eine Sensibilisierung von Akteuren und Entscheidungsträgern sowie die Bereitstellung von Instrumenten, Informationen, Leitfäden und Daten gehören dazu, um schädliche Bodenveränderungen zu vermeiden und Bodennutzungen nachhaltig zu gestalten.

9.1 Der vorsorgende und nachsorgende Bodenschutz

Der **nachsorgende Bodenschutz**, die Ermittlung und Beseitigung von Gefährdungen und Belastungen des Bodens geriet erst in den Blickpunkt des öffentlichen Interesse, als Einträge von Schadstoffen in den Boden aus vergangener Zeiten in der Folge von Akkumulations-, Retardations-, Transport-, Reaktions- oder Abbauprozessen zu Beeinträchtigungen der natürlichen Bodenfunktionen und zu Gefährdungen weiterer Schutzgüter führten.

Den Boden unmittelbar vor Auftreten von schädlichen Bodenveränderungen zu schützen und seine Funktionsfähigkeit zu erhalten, ist das **Ziel des vorsorgenden Bodenschutzes**, um nachteilige, zum Teil nicht umkehrbare Folgen für Ökosysteme und Volkswirtschaft zu vermeiden. Der vorsorgende Bodenschutz wird in der Öffentlichkeit weniger wahrgenommen und steht seltener in der öffentlichen Diskussion. Ein Grund könnte sein, dass schädliche Bodenveränderungen nur unspezifisch wirken und häufig keine direkte Gefahr für den Menschen besteht.

Grundstückseigentümer, Inhaber der tatsächlichen Gewalt über ein Grundstück und derjenige, der Verrichtungen auf einem Grundstück durchführt oder durchführen lässt, die zu Veränderungen der Bodenbeschaffenheit führen können, sind verpflichtet (§7 BBodSchG / §§9 ff BBodSchV), Vorsorge gegen das Entstehen schädlicher Bodenveränderungen zu treffen. Diese Vorsorgepflicht wird bei landwirtschaftlichen Bodennutzungen erfüllt durch Einhaltung der Grundsätze zur guten fachlichen Praxis in der Landwirtschaft.

In Bezug auf Winderosion sind von den Grundsätzen der guten fachlichen Praxis insbesondere das Vermeiden von Bodenabträgen durch standortangepasste Nutzung, Berücksichtigung der Windverhältnisse sowie der Bodendeckung und der Erhalt von Strukturelementen, die zum Schutz des Bodens notwendig sind, zu erwähnen.

9.2 Informations- und Datengrundlagen

Wie die Bodennutzung ist auch der wirksame, gezielte Bodenschutz nur bei genauer Kenntnis der Boden- und Standortverhältnisse möglich. Boden reagiert sehr unterschiedlich auf Bewirtschaftungs- und Schutzmaßnahmen, verlangt daher in der Regel behutsames Umgehen und standortspezifische Strategien.

Die Erfassung des Aufbaus, der Beschaffenheit und des Zustandes sowie der Entwicklung und der Veränderung von Boden stellen die Grundlage für eine fachliche Beratung, Bewertung und Entscheidungen dar.

Die Bodeninventur (Landesaufnahme), das Erheben von Altlasten und Führen eines Altlastenkatasters, die langfristig angelegten Boden-Dauerbeobachtungsflächen (BDF), das Bodenbelastungskataster (BBK), die Bodenzustandserhebung (BZE), die forstliche Standortkartierung, die Bodenprobenbank und Bodendatenbank stellen das Fundament eines **umfassenden Bodeninformationssystems** dar.

Zur Erhebung von umfassenden Bodeninformationen auch zur Winderosion wurde daher nach umfangreichen Auswertungen gezielt die BDF 04 Goldelund in Zusammenarbeit mit der damaligen Pädagogischen Hochschule Kiel – Geographie und ihre Didaktik – ausgewählt. Seit ihrer Einrichtung fanden auf dieser Boden-Dauerbeobachtungsfläche zahlreiche weiterführende Untersuchungen zu unterschiedlichen Aspekten der Winderosion statt (Bild 64). An ihnen waren die Pädagogische Hochschule Kiel, das Geographische Institut der Christian-Albrechts-Universität zu Kiel und der Deutsche Wetterdienst beteiligt. Erkenntnisse aus den Untersuchungen sind auch in diese Broschüre eingeflossen.

Bild 64: Meteorologische und bodenhydrologische Messstation des Geographischen Instituts der CAU Kiel an der Boden-Dauerbeobachtungsfläche (BDF 4) in Goldelund (Foto: R. DUTTMANN)

9.3 Organisation und Zuständigkeit des Bodenschutzes in Schleswig-Holstein

Der Bereich Bodenschutz und Altlasten ist in Schleswig-Holstein in unterschiedlichen Behörden, die auf verschiedenen Ebenen mit unterschiedlichen Zuständigkeiten betraut sind, organisiert:

Oberste Bodenschutzbehörde ist das Ministerium für Landwirtschaft, Umwelt und ländliche Räume des Landes Schleswig-Holstein.

Obere Bodenschutzbehörde ist das Landesamt für Landwirtschaft, Umwelt und ländliche Räume des Landes Schleswig-Holstein.

Untere Bodenschutzbehörden sind die Landrätinnen und Landräte der Kreise bzw. die Bürgermeisterinnen und Bürgermeister der kreisfreien Städte.

Neben den Bodenschutzbehörden werden in einigen Arbeitsbereichen der schleswig-holsteinischen Landesuniversität, der Christian-Albrechts-Universität zu Kiel (CAU), bodenschutzrelevante Fragestellungen bearbeitet. Besonders folgende Institute der CAU sind zu nennen:
- Institut für Pflanzenernährung und Bodenkunde
- Geographisches Institut
- Ökologie-Zentrum
- Institut für Geowissenschaften

10. Literaturverzeichnis

Ad-hoc AG Boden (2005): Bodenkundliche Kartieranleitung. 5. verbesserte u. erweiterte Aufl., Schweizerbart'sche Verlagsbuchhandlung, Stuttgart

AID (= Auswertungs- und Informationsdienst für Ernährung, Landwirtschaft und Forsten) (1994): Erosionsschäden vermeiden. Bonn

Andresen, L. (1924): Bekämpfung des Flugsandes im 16. Jahrhundert. In: Die Heimat, 35, S. 213

Arnold, V. & R. Kelm (2004): Rund um Albersdorf. Ein Führer zu den archäologischen und ökologischen Sehenswürdigkeiten, Heide

Bach, M. (2008): Äolische Stofftransporte in Agrarlandschaften. Experimentelle Untersuchungen und räumliche Modellierung von Bodenerosionsprozessen durch Wind. Dissertation, Kiel

Bach, M. (2004): Modellierung der Winderosion im Raum Goldelund (Schleswiger Vorgeest) mit GIS: Implementierung und Anwendung eines GIS-basierten Schätzmodells zur Vorhersage der Bodenerosionsgefährdung durch Wind. Diplomarbeit am Geographischen Institut der Christian-Albrechts-Universität zu Kiel (unveröffentlicht), Kiel

Bach, M. & R. Duttmann (2007): Langfristeffekte von Winderosion auf leichten Böden Norddeutschlands – Auswirkungen und Ansätze zur ereignisbezogenen Quantifizierung. In: Mitteil. Dt. Bodenkundl. Gesellsch., 110, S. 667-668

Backer, S., W. Dörfler, M. Ganzelewski, A. Haffner, A. Hauptmann, H. Jöns, H. Kroll & R. Kruse (1992): Frühgeschichtliche Eisengewinnung und -verarbeitung am Kammberg bei Joldelund. In: Müller-Wille M. & D. Hoffmann [Hrsg.]: Der Vergangenheit auf der Spur. Archäologische Siedlungsforschung in Schleswig-Holstein, Neumünster, S. 83-110

Behre, K.-E. & H. van Lengen [Hrsg.] (1995): Ostfriesland. Geschichte und Gestalt einer Kulturlandschaft, Aurich

Beinhauer, R. & B. Kruse (1991): Über die Erosivität des Klimas durch Windeinfluss. Mitteil. In: Dt. Bodenkundl. Gesellsch., 65, S. 9-12

BGR (= Bundesanstalt für Geowissenschaften und Rohstoffe) [Hrsg.] (2000): Methodendokumentation Bodenkunde. Geologisches Jahrbuch. Reihe G, SG 1, Schweizerbart`sche Verlagsbuchhandlung, Hannover

Blume, H.-P. [Hrsg.] (2005): Handbuch des Bodenschutzes. Bodenökologie und -belastung. Vorbeugende und abwehrende Schutzmaßnahmen. Ecomed, 3. Aufl. Landsberg

BMVEL (= Bundesministerium für Verbraucherschutz, Ernährung und Landwirtschaft) [Hrsg.] (2001): Gute fachliche Praxis zur Vorsorge gegenüber Bodenschadverdichtungen und Bodenerosion. Bonn

Böhner, J., W. Schäfer, O. Conrad, J. Gross & A. Ringeler (2003): The WEELS model: methods, results, limitations. In: Catena, 52, S. 289-308

Böhner, J., J. Gross & M. Riksen (2004): Impact of land use and climate change on wind erosion: prediction of wind erosion activity for various land use and climate scenarios using the WEELS wind erosion model. In: Goossens, D. & M. Riksen [Hrsg.]: Wind erosion and dust dynamics: observations, simulations, modelling. Wageningen, S. 169-192

Bundes-Bodenschutz- und Altlastenverordnung vom 12. Juli 1999 (BGBl. I S. 1554), geändert durch Artikel 2 der Verordnung vom 23. Dezember 2004 (BGBl. I S. 3758)

Capelle, A. & R. Lüders (1985): Die potentielle Erosionsgefährdung von Böden in Niedersachsen. In: Göttinger Bodenkundliche Berichte, 83, S. 107-127

Chepil, W.S. (1942): Measurement of wind erosivness of soils by dry sieving procedure. In: Sci. Agric., 23, S. 154-160

Chepil, W.S. (1957): Sedimentary characteristics of durst storms: III. Composition of suspended dust. In: American Journal of Soil Science, 255, S. 206-213

Chepil, W.S. (1960): Conversion of relative field erodibility of soil by wind. In: Soil Sci. Soc. Proc. 24, S. 143-145

Chepil, W.S. & N.P. Woodruff (1963): The physics of wind erosion and its control. In: Advances in Agron., 15, S. 211-302

Clausen, O. (1981): Chronik der Heide- und Moorkolonisation im Herzogtum Schleswig (1760-1765). Husum

Comis, D. & M. Gerrietts (1994): Stemming wind erosion. In: Agricultural Research, 42, S. 8-15

Cordsen, E. & A. Zeddel (1999): Das neue Bundes-Bodenschutzgesetz – Gesetz zum Schutz der Böden? In: LANU Jahresbericht 1998, S. 72-75

Degn C. & U. Muuss (1979): Topographischer Atlas Schleswig-Holstein und Hamburg. Landesvermessungsamt Schleswig-Holstein, 4. Aufl., Neumünster

Dörfler, W. (2000): Palynologische Untersuchungen zur Vegetations- und Landschaftsentwicklung von Joldelund, Kr. Nordfriesland. In: Haffner, A., H. Jöns & J. Reichstein [Hrsg.]: Frühe Eisengewinnung in Joldelund, Kr. Nordfriesland. Ein Beitrag zur Siedlungs- und Technikgeschichte Schleswig-Holsteins. Teil 2: Naturwissenschaftliche Untersuchungen zur Metallurgie- und Vegetationsgeschichte. Universitätsforschungen zur prähistorischen Archäologie, Bd. 59, Bonn, S. 147-208

DUTTMANN, R., H. FLEIGE & R. HORN unter Mitarbeit von M. BACH, N. GERMEYER & P. HARTMANN (2004): Landschafts- und Bodenentwicklung im Raum Goldelund (Schlesweiger Geest) unter Berücksichtigung der Winderosion. In: EcoSys Suppl. Bd. 41, S. 131-151

DUTTMANN, R. & M. BACH (2006): Long-term wind erosion and its impact on soil heterogeneity in sandur plain landscapes in Northern Germany. In: Advances in Geoecology, 38, S. 310-319

ELLENBERG, H. (1978): Vegetation Mitteleuropas mit den Alpen. Ulmer, Stuttgart

EMEIS, W. (1910): Unsere Feld-Schutzanlagen, ohne Ort

FANGMEIER, D., W. ELLIOT, ST. WORKMAN, R. HUFFMAN & G. SCHWAB (2006): Soil and water conservation engineering, Thomson/Delmar Learning, Clifton Park

FLEIGE, H., P. HARTMANN, R. DUTTMANN, M. BACH, S. GEBHARDT, R. HORN & K. KRÜGER (2006): Soils of the sandur plain ("Lower Geest") in the Northwest of Schleswig-Holstein/Germany – The region of "Goldelund" as an example. In: HORN, R., FLEIGE, H. & S. PETH: Soil and land use management systems in Schleswig-Holstein (Germany). Schriftenreihe Institut für Pflanzenernährung und Bodenkunde, Universität Kiel, Nr. 72, S. 12-19

FRÄNZLE, O. (1985): Erläuterungen zur Geomorphologischen Karte 1 : 100.000 der Bundesrepublik Deutschland. GMK 100, Blatt 7, C 1518 Husum. GMK Schwerpunktprogramm Geomorphologische Detailkartierung in der Bundesrepublik Deutschland. Berlin

FRAUENSTEIN, J. (2010): Stand und Perspektiven des nachsorgenden Bodenschutzes. Umweltbundesamt [Hrsg.], Dessau-Roßlau

FRYREAR, D.W. (1986): A field dust sampler. In: Journal of Soil and Water Conservation, 41, S. 117-120

FRYREAR, D.W. (1998): Mechanics, measurement and modelling of wind erosion. In: Advances in Geoecology, 31, S. 291-300

FRYREAR, D.W., J.D. BILBRO & A. SALEH (2000): RWEQ. Improved wind erosion technology. In: Journal of Soil & Water Conservation, 55, S. 183-189

FUNK, R. (1995): Quantifizierung der Winderosion auf einem Sandstandort Brandenburgs unter besonderer Berücksichtigung der Vegetationsentwicklung. ZALF-Berichte, Bd. 16, Müncheberg

FUNK, R., B. WINNIGE & M. FRIELINGHAUS (2001): Schutz vor Winderosion in Brandenburg. In: BMVEL [Hrsg.]: Gute fachliche Praxis zur Vorsorge gegen Bodenschadverdichtung und Bodenerosion, Bonn, S. 81-88

FUNK, R. & H. I. REUTER (2006): Wind erosion. In: BOARDMAN, J. & J. POESEN [HRSG.]: Soil erosion in Europe, J. Wiley & Sons Ltd., S. 563-582

GEBHARDT, H., R. GLASER, U. RADTKE & P. REUTER (2007): Geographie. Physische Geographie und Humangeographie. München

GERMEYER, N. (2005): Bodenkartierung und Aufbau eines GIS-basierten Bodeninformationssystems als Grundlage für die Bewertung des Nitratauswaschungspotenzials in der Schleswiger Geest – Das Beispiel Goldelund. Diplomarbeit am Geographischen Institut der Christian-Albrechts-Universität zu Kiel (unveröffentlicht), Kiel

Gesetz zum Schutz vor schädlichen Bodenveränderungen und zur Sanierung von Altlasten (1998): Bundes-Bodenschutzgesetz vom 17. März 1998 (BGBl. I S. 502), zuletzt geändert durch Artikel 3 des Gesetzes vom 9. Dezember 2004 (BGBl. I S. 3214)

Gesetz zur Ausführung und Ergänzung des Bundes-Bodenschutzgesetzes (2002): Landesbodenschutz- und Altlastengesetz (LBodSchG) vom 14. März 2002 (GS Schl.-H. II S. 60-64, GlNr. B 2129-3), geändert durch das Gesetz zur Änderung des Landesbodenschutz- und Altlastengesetz vom 12. Juni 2007

Gesetz zur Regelung der Einhaltung anderweitiger Verpflichtungen durch Landwirte im Rahmen gemeinschaftlicher Vorschriften über Direktzahlungen und sonstige Stützungsregelungen (2004): Direktzahlungen-Verpflichtungengesetz (DirektZahlVerpflG) in der Fassung der Bekanntmachung vom 28. April 2010 BGBl. I S. 588), zuletzt geändert durch Artikel 31 des Gesetzes vom 09. Dezember 2010 (BGBl. I S. 1934)

GOOSSENS, D., Z. OFFER & G. LONDON (2000): Wind tunnel and field calibration of five aeolian sand traps. In: Geomorphology, 35, S. 233-252

GOOSSENS, D. (2003): On-site and off-site effects of wind erosion. In: Warren, A. [HRSG.]: Wind erosion on agricultural land in Europe. Brüssel, S. 29-38

GREGORY, J.M. & M.M. DARWISH (2002): Prediction success with integrated, process-based wind-erosion model. In: LEE, J.A. & T. ZOBECK: Proceedings of the ICAR5/GCTE-SEN Joint Conference, Lubbock, S. 246-251

GREGORY, J.M., G.R. WILSON, U.B. SINGH & M.M. DARWISH (2004): TEAM: integrated, process-based wind-erosion model. In: Environmental Modelling & Software, 19, S. 205-215

HAGEN, L. (1991): A wind erosion prediction system to meet user needs. Journal of Soil & Water Conservation, 46, S. 106-112

HANNESEN, H. (1959): Die Agrarlandschaft der schleswig-holsteinischen Geest und ihre neuzeitliche Entwicklung. Schriften des Geographischen Instituts der Universität Kiel, Bd. 17, Heft 3, Kiel

HARTMANN, P. (2005): Bodenkartierung und Aufbau eines GIS-basierten Bodeninformationssystems als Grundlage für die Rekonstruktion der Landschafts- und Bodenentwicklung in der Schleswiger Geest – Das Beispiel Goldelund. Diplomarbeit am Geographischen Institut der Christian-Albrechts-Universität zu Kiel (unveröffentlicht), Kiel

HASSENPFLUG, W. (1971): Sandverwehung und Windschutzwirkung im Luftbild. Jahrbuch f. d. Schleswigsche Geest 1971, 19. Jg., Schleswig, S. 19-30 – Wiederabdruck in: Richter, G. [Hrsg.] (1976): Bodenerosion in Mitteleuropa. (= Wege der Forschung Bd. CCCCXXX) Wissenschaftl. Buchgesellsch., Darmstadt, S. 164-178

HASSENPFLUG, W. (1979 a): Schneeverwehungen in Schleswig-Holstein. In: Zeitschrift Schleswig-Holstein 1979, Heft 2, Husum, S. 9-11

HASSENPFLUG, W. (1979 b): Wie wirksam ist der Windschutz geworden? In: Programm Nord-GmbH [Hrsg.]: 25 Jahre Programm Nord. Kiel, S. 38-41

HASSENPFLUG, W. (1981): Die Flächen- und Mengenbilanz eines Sandsturmes auf der Schleswiger Geest – eine Abschätzung aus Luftbildern. In: Mitteil. Dt. Bodenkundl. Gesellsch., 30, S. 335-340

HASSENPFLUG, W. (1993): Bodeninformationssysteme zur flächenhaften Quantifizierung und Modellierung der Bodenverwehung in Norddeutschland – Konzepte und Perspektiven. In: Mitteil. Dt. Bodenkundl. Gesellsch., 72, S. 1189-1192

HASSENPFLUG, W. (1998): Bodenerosion durch Wind. In: RICHTER, G. [HRSG.]: Bodenerosion. Analyse und Bilanz eines Umweltproblems. Wissenschaftl. Buchgesellsch., Darmstadt, S. 69-82

HASSENPFLUG, W. (2004): Winderosion und Schutz vor Winderosion. In: H.-P. BLUME [HRSG.]: Handbuch des Bodenschutzes, 3. überarb. Aufl., Ecomed, Landsberg, S. 231-243

HASSENPFLUG, W. (2011): Maisanbau und Bodenverwehung im Frühjahr 2011. In: Natur- und Landeskunde, H. 10-12, S.137-148

HASSENPFLUG, W. & G. RICHTER (1972): Formen und Wirkungen der Bodenabspülung und -verwehung im Luftbild. Landeskundliche Luftbildauswertung im mitteleuropäischen Raum, Heft 10. Selbstverlag der Bundesforschungsanstalt für Landeskunde und Raumordnung, Bonn-Bad Godesberg

HASSENPFLUG, W. & G. KOPP (1993): Die Schadens-/Faktorenkartierung 1:5.000 für die Schleswiger Geest und ihre Bedeutung im Bodeninformationssystem. In: Mitteil. Dt. Bodenkundl. Gesellsch., 72, 1193-1196

HASSENPFLUG, W. & R. BAUMANN (2007): GIS-gestützte Verwehungsfall-Analyse – Bodenerosionsforschung „von unten" – das Beispiel Goldelund. Mitteil. Dt. In: Bodenkundl. Gesellsch., S. 685-686

HENNING, K. & C.-P. BOYENS (2010): Umsetzung neuer Cross-Compliance-Regelungen in die Praxis: Schutz des Bodens vor Erosion. In: Landpost 2/2010 (9. Januar 2010), S. 25-26

HINZ, H. (1949): Hyoldelunt deserta. Über das Schicksal einer mittelalterlichen Siedlung. In: Die Heimat, 56, S. 177-179

IBS, J.H., E. DEGE & U. LANGE [HRSG.] (2004): Historischer Atlas Schleswig-Holstein vom Mittelalter bis 1867, Neumünster

IWERSEN, J. (1953): Windschutz in Schleswig-Holstein. Aufgezeigt am Beispiel der Schleswigschen Geest. Gottorfer Schriften II, Arbeitsgemeinschaft für Landes- und Volkstumsforschung, Schleswig

JATHO, G. (1969): Flugsandbildungen im Bereich der Soholmer Au. Dissertation Universität Kiel, Kiel

JÖNS, H. (2000): Die Ergebnisse der interdisziplinären Untersuchungen zur frühgeschichtlichen Eisengewinnung in Joldelund. In: HAFFNER, A., H. JÖNS & J. REICHSTEIN [HRSG.]: Frühe Eisengewinnung in Joldelund, Kr. Nordfriesland. Ein Beitrag zur Siedlungs- und Technikgeschichte Schleswig-Holsteins. Teil 2: Naturwissenschaftliche Untersuchungen zur Metallurgie- und Vegetationsgeschichte. Universitätsforschungen zur prähistorischen Archäologie, Bd. 59, Bonn, S. 263-281

KAISER, H. (1959): Die Strömung an Windschutzstreifen. Berichte des Deutschen Wetterdienstes, 7/53, Offenbach

KÖLLNER, S. (2009): Application of 3D-geovisualization techniques for environmental education at the example of a nature trail (Joldelund, Northern Germany). Approaches for representing landscape dynamics by using Visual Nature Studio 2.80. Diplomarbeit am Geographischen Institut der Christian-Albrechts-Universität zu Kiel (unveröffentlicht), Kiel

KOSTER, E.A. (2005): The Physical Geography of Western Europe. Oxford University Press, Oxford

LANDWIRTSCHAFTS- UND UMWELTPORTAL des Landes Schleswig-Holstein: http://www.schleswig-holstein.de/Umwelt-Landwirtschaft/DE/BodenAltlasten/ein_node.html

LANU (= Landesamt für Natur und Umwelt des Landes Schleswig-Holstein) (o. J.): Biotoptypen- und Nutzungstypenkartierung Schleswig-Holstein (BNTK). Flintbek

LANU (= Landesamt für Natur und Umwelt des Landes Schleswig-Holstein) (1999): Geologische Karte von Schleswig-Holstein 1:25.000, Drelsdorf, 1320. Flintbek

LANU (= Landesamt für Natur und Umwelt des Landes Schleswig-Holstein) [Hrsg.] (2006): Die Böden Schleswig-Holsteins. Entstehung, Verbreitung, Nutzung, Eigenschaften und Gefährdung. Schriftenreihe LANU-SH – Geologie und Boden 11, Flintbek

LANU (= Landesamt für Natur und Umwelt) [Hrsg.] (2008): Knicks in Schleswig-Holstein. Bedeutung, Zustand, Schutz. Flintbek

LUNG M-V (= Landesamt für Umwelt, Naturschutz und Geologie Mecklenburg-Vorpommern) [Hrsg.] (2002): Bodenerosion. Beiträge zum Bodenschutz in Mecklenburg-Vorpommern, 2. Aufl., Güstrow

Mager, F. (1930): Entwicklungsgeschichte der Kulturlandschaft des Herzogtums Schleswig in historischer Zeit. Erster Band: Entwicklungsgeschichte der Kulturlandschaft auf der Geest und im östlichen Hügelland des Herzogtums Schleswig bis zur Verkoppelungszeit. Veröffentlichungen der Schleswig-Holsteinischen Universitätsgesellschaft, 25/1, (= Schriften der baltischen Kommission zu Kiel, 17/1), Breslau

Marquardt, G. (1950): Die Schleswig-Holsteinische Knicklandschaft. Schriften des Geographischen Instituts der Universität Kiel, Bd. 13 (3), Kiel

Mauz, B., W. Hilger, M.J. Müller, L. Zöller & R. Dikau (2005): Aeolian activity in Schleswig-Holstein (Germany): Landscape response to Late Glacial climate change and Holocene human impact. In: Z. Geomorph. N.F., 49 (4), S. 417-431

Müller, M.J. (1999): Genese und Entwicklung schleswig-holsteinischer Binnendünen. In: Berichte zur dt. Landeskunde, 73, S. 129-150

Müller, M.J. (2000) : Altersbestimmung an schleswig-holsteinischen Binnendünen mit Hilfe von Paläoböden. In: Trierer Bodenkundliche Schriften, Bd. 1, S. 23-31, Trier

Nägeli, W. (1943): Untersuchungen über die Windverhältnisse im Bereich von Windschutzstreifen. In: Mitteil. Schweizer. Anstalt für das landwirtschaftliche Versuchswesen, Bd. 23 (1), Zürich, S. 223-271

Nägeli, W. (1946): Weitere Untersuchungen über die Windverhältnisse im Bereich von Windschutzanlagen. In: Mitteil. Schweizer. Anstalt für das forstliche Versuchswesen, Bd. 24, Zürich, S. 659-737

Nielsen, M. (1981): Die vollständige Begrünung von Joldelund und der Schleswigschen Geest. Unveröffentlichtes Manuskript, Joldelund

NLÖ (= Niedersächsisches Landesamt für Ökologie) (2003): Bodenqualitätszielkonzept Niedersachsen. Teil 1: Bodenerosion und Bodenversiegelung. Schriftenreihe Nachhaltiges Niedersachsen – Dauerhaft umweltgerechte Entwicklung, Heft 23, Hildesheim

NAW (= Normenausschuss Wasserwesen im DIN - Deutsches Institut für Normung e.V. (2004): DIN 19706 – Ermittlung der Erosionsgefährdung durch Wind. Beuth Verlag, Berlin

Programm Nord GmbH [Hrsg.] (1979): 25 Jahre Programm Nord. Gezielte Landentwicklung, Kiel

Pyritz, E. (1971): Binnendünen und Flugsanddecken im Niedersächsischen Tiefland. In: Göttinger Geographische Abhandlungen, Bd. 61, Göttingen

Reiß, S., V. Arnold, H.-R. Bork, R. Kelm & D. Meier [Hrsg.] (2006): Landschaftsgeschichte Dithmarschens. Eine kompakte Zusammenfassung zur Landschaftsgeschichte Dithmarschens. Albersdorfer Forschungen zur Archäologie und Umweltgeschichte, Heide

Richter, G. (1965): Bodenerosion. Schäden und gefährdete Gebiete in der Bundesrepublik Deutschland. Forschungen zur Deutschen Landeskunde, Bd. 152, Bad Godesberg

Richter, G. [Hrsg.] (1998): Bodenerosion. Analyse und Bilanz eines Umweltproblems. Wissenschaftl. Buchgesellsch. Darmstadt

Riksen, M., F. Brouwer, W. Spaan, J.L. Arrue & M.V. Lopez (2003): What to do about wind erosion. In: Warren, A. [Hrsg.]: Wind erosion on agricultural land in Europe, Brüssel, S. 39-52

Scheffer/Schachtschabel (1998): Lehrbuch der Bodenkunde. 12. neu bearb. Aufl., Enke Verlag, Stuttgart

Shao, Y., M. Raupach & D. Short (1994): Preliminary assessment of wind erosion patterns in the Murray-Darling Basin. In: Australian Journal of Soil and Water Conservation, 7, 46-51

Shao, Y. (2000): Physics and modelling of wind erosion. Dordrecht

Sharpley, A.N. & J.R. Williams [Hrsg.] (1990): EPIC – Erosion/Productivity Impact Calculator. Model documentation. USDA Technical Bulletin, 1768

Statistikamt Nord (= Statistisches Amt für Hamburg und Schleswig-Holstein) (1993): Agrarstruktur in Schleswig-Holstein. Betriebsgrößenstruktur, Bodennutzung und Viehhaltung in den Gemeinden. Ergebnisse der Agrarstrukturerhebung 1991. Statistischer Bericht C IV9-4j/1991 S, Teil 1, Heft 1, Hamburg

11. Verzeichnis der Abbildungen, Tabellen, Karten, Bilder und Zeitungsausschnitte

11.1 Abbildungen

Abbildung 1: Transportformen der Winderosion
(Quelle: H. GEBHARDT u. a. (2007), verändert)

Abbildung 2: Aufzeichnung von Windrichtung und Windgeschwindigkeit mit einem Windschreiber für ein Winderosionsereignis vom 16.03.1969
(Quelle: Wetteramt Schleswig (1969))

Abbildung 3: Schema der Bodenverwehung
(Entwurf: W. HASSENPFLUG)

Abbildung 4: Windrichtungsverteilung an der Station Leck (Nordfriesland) für unterschiedliche Zeiträume und Windstärken
(Datengrundlage: DWD (o. J.))

Abbildung 5: Mittlere Anzahl an Tagen mit erosiven Witterungsbedingungen am Beispiel der Klimamessstation Leck (Nordfriesland)
(Datengrundlage: DWD (o. J.))

Abbildung 6: Schematisches Profil der Sanderebene: Typische Podsol – Gley – Niedermoor-Bodengesellschaft
(Quelle: R. DUTTMANN u. a. (2004))

Abbildung 7: Bodenprofil eines Gley-Podsols
(Quelle: R. DUTTMANN u. a. (2004))

Abbildung 8: Brauneisengley aus einem Tiefumbruchboden
(Quelle: R. DUTTMANN u. a. (2004))

Abbildung 9: Podsol-Regosol über begrabenem Podsol aus Dünensand
(Quelle: R. DUTTMANN u. a. (2004))

Abbildung 10: Schematisches Profil durch eine erodierte Endmoränenkuppe im Bereich der Sandergeest: Braunerde-Pseudogley – Pseudogley-Braunerde – Pseudogley-Podsol – Gley-Bodengesellschaft
(Quelle: R. DUTTMANN u. a. (2004))

Abbildung 11: Bodenprofil eines Braunerde-Pseudogleys

Abbildung 12: Entwicklung der Anbaufläche für Silomais in Schleswig-Holstein seit 2003 und gegenwärtiger Trend
(Quelle: Statistikamt Nord (div. Jahrgänge))

Abbildung 13: Landnutzungswandel in ausgewählten Gemeinden der schleswig-holsteinischen Geest im Zeitraum 1991 bis 2007
(Quelle: Statistikamt Nord (div. Jahrgänge))

Abbildung 14: Veränderungen des Grünland: Ackerland-Verhältnisses in ausgewählten Gemeinden der schleswig-holsteinischen Geest von 1991 bis 2007
(Quelle: Statistikamt Nord (div. Jahrgänge))

Abbildung 15: Windschutz von Hecken mit unterschiedlicher Durchlässigkeit
(Quelle: V. EIMERN & HÄCKEL (1984))

Abbildung 16: Wirkungen von Hecken auf das Standortklima und den Wasserhaushalt
(Quelle: AID (1994))

Abbildung 17: Schutzwirkungsstufen und Schutzbereiche im Luv und Lee von Windhindernissen
(Quelle: NAW (2004))

Abbildung 18: 3D-Rekonstruktion eines Landschaftsausschnittes bei Joldelund zur Römischen Kaiserzeit mit Rennfeueröfen
(Quelle: KÖLLNER (2009))

Abbildung 19: Archivierte Landschaftsgeschichte: Bodenprofil aus dem Kuhharder Berg bei Joldelund (Entwurf: U. LUNGERSHAUSEN)

Abbildung 20: Der Wald als Senke für verwehten Ackerboden (Quelle: W. HASSENPFLUG (1989))

Abbildung 21: Windrichtung und -geschwindigkeit am 24.04.1971 an der Wetterstation Schleswig (Quelle: DWD-Wetterstation SL (o. J.))

Abbildung 22: Stundenmittelwerte der Windgeschwindigkeit (m/s) für das Winderosionsereignis vom 24.10.1979 bis 30.10.1979 (Station Leck) (Datengrundlage: DWD, Station Leck)

Abbildung 23: Windrichtungsverteilung in Prozent der Windstunden für das Winderosionsereignis vom 24.10.1979 bis 30.10.1979 (Station Leck) (Datengrundlage: DWD, Station Leck)

Abbildung 24: Stundenmittelwerte der Windgeschwindigkeit (m/s) für das Winderosionsereignis vom 04.04.1989 bis 06.04.1989 (Station Leck) (Datengrundlage: DWD, Station Leck)

Abbildung 25: Windrichtungsverteilung in % der Windstunden für das Winderosionsereignis vom 04.04.1989 bis 06.04.1989 (Station Leck) (Datengrundlage: DWD, Station Leck)

Abbildung 26: Schema zur Ableitung der potenziellen Winderosionsgefährdung nach DIN 19706 (Quelle: NAW (2004))

11.2 Tabellen

Tabelle 1: Zeittafel zur Landschaftsgeschichte für das Gebiet der schleswig-holsteinischen Geest (Entwurf: U. LUNGERSHAUSEN)

Tabelle 2: Faktoren der Winderosion (Quelle: nach BMVEL (2001) / NLÖ (2003), verändert)

Tabelle 3: Häufige Ausgangsbedingungen für das Auftreten von Winderosionsereignissen (Quelle: nach BMVEL (2001) / LUNG-MV (2002), verändert)

Tabelle 4: Onsite- und offsite-Effekte der Winderosion (Quelle: H. GOOSSENS (2003), verändert

Tabelle 5: Anteil erosiver Winde in Prozent der Windstunden und mittlere Anzahl potenzieller Winderosionsereignistage für die Monate Februar bis Mai (Station Leck, Zeitraum 1975 bis 2002) (Datengrundlage: DWD (o. J))

Tabelle 6: Mindestgeschwindigkeit des Windes zur Erosion verschiedener Korngrößen (Quelle: CHEPIL & WOODRUFF (1963))

Tabelle 7: Erodierbarkeit von trockenen, vegetationsfreien Böden bei unterschiedlichen Gehalten an organischer Substanz (Quelle: NAW (2004))

Tabelle 8: Flächenteile der Bodenerodierbarkeitsklassen an der landwirtschaftlich genutzten Fläche in Schleswig-Holstein

Tabelle 9: Bodengesellschaften der Geest und ihre Leit- und Begleitböden (Quelle: LANU (2008), verändert)

Tabelle 10: Schutzwirkung von Ackerkulturen gegenüber Winderosion (Quelle: NAW (2004))

Tabelle 11: Schutzwirkung von Fruchtfolgen gegenüber Winderosion (Quelle: NAW (2004))

Tabelle 12: Veränderungen der landwirtschaftlichen Nutzfläche und der Anbaufläche für Silomais seit 2003 in Schleswig-Holstein in ausgewählten Naturräumen und Gemeinden
(Quelle: Statistikamt Nord (div. Jahrgänge))

Tabelle 13: Tolerierbare Feldlänge in Abhängigkeit von den Stufen der Erodierbarkeit des Bodens und der Schutzwirkungsstufe der Fruchtarten
(Quelle: NLÖ (2003))

Tabelle 14: Zeittafel dokumentierter Winderosionsereignisse
(Quelle: M. Bach (2008))

Tabelle 15: Stufen der potenziellen Winderosionsgefährdung nach DIN 19706 und der Direktzahlungen-Verpflichtungenverordnung (DirektZahlVerpflV)
(Quelle: NAW (2004))

Tabelle 16: Ausgewählte Methoden und Modelle zur Ermittlung des Bodenaustrages durch Wind und zur Abschätzung der Winderosionsgefährdung
(Entwurf: M. Bach, zusammengestellt nach mehreren Quellen)

11.3 Karten

Karte 1: Dünenvorkommen in Schleswig-Holstein
(Quelle: van der Ende (2008)

Karte 2: Mittlere Bodenerosionsgefährdung in den Naturräumen Schleswig-Holsteins nach Richter (1965)

Karte 3: Erodierbarkeit der Böden in Schleswig-Holstein

Karte 4: Die Bodengesellschaften der schleswig-holsteinischen Geest
(Quelle: BGR (o. J.))

Karte 5: Flächenanteile des Silomaisanbaus in den Gemeinden Schleswig-Holsteins (2007)
(Quelle: Statistikamt Nord (2009))

Karte 6: Veränderung der Silomaisanbaufläche in den Gemeinden Schleswig-Holsteins (Zeitraum 2003 bis 2007)
(Quelle: Statistikamt Nord (2005, 2009))

Karte 7: Abschätzung des Windschutzes am Beispiel der Gemeinde Joldelund

Karte 8: Windschutz in ausgewählten Gemeinden der schleswig-holsteinischen Geest

Karte 9: Binnendünen und Flugsandfelder im Raum Joldelund
(Quelle: LANU (1999))

Karte 10: Übersicht über die Kamerapositionen und Blickwinkel zur Bilddokumentation des Verwehungsfalles „Ellbek"

Karte 11: Flächenanteil landwirtschaftlich genutzter Böden mit hoher potenzieller Winderosionsgefährdung in % der Gemeindefläche

Karte 12: Prozentuale Verteilung der Erosionsgefährdungsstufen für ausgewählte Gemeinden der Lecker Geest und der Schleswiger Vorgeest

Karte 13: Bodenverwehungen in der Gemeinde Goldelund nach einem Verwehungsereignis vom März 1969
(Kartierung: W. Hassenpflug (1969))

Karte 14: Beispiel für eine Verwehungs- und Winderosionsschadenkartierung im Maßstab 1:5.000
(Quelle: W. Hassenpflug (1969), unveröffentlicht)

Karte 15: Auswehungsflächen und Sandfahnen in Goldelund nach einem Winderosionsereignis im März 1969
(Quelle: W. Hassenpflug (1989))

11.4 Bilder

Bild 1: Große Wanderdüne auf Sylt mit Hangkante
(Foto: J. Newig)

Bild 2: Sandtreiben auf Japsand
(Foto: W. Hassenpflug)

Bild 3: Binnendüne bei Lütjenholm
(Foto: R. Duttmann)

Bild 4: Windschur an Bäumen bei Stadum
(Foto: W. Hassenpflug)

Bild 5: Windkanter aus dem Raum Kropp – Tetenhusen
(Foto: W. Hassenpflug)

Bild 6: Saltationstransport (Wallsbüll, 24.10.1979)
(Foto: W. HASSENPFLUG)

Bild 7: Suspensionstransport (Wallsbüll, 24.10.1979)
(Foto: W. HASSENPFLUG)

Bild 8: Räumliche und zeitliche Dynamik von Verwehungsprozessen
(Foto: W. HASSENPFLUG)

Bild 9: Typischer „onsite"-Effekt: Sanddeposition (Sandfahne) auf einem Ackerschlag
(Foto: R. DUTTMANN)

Bild 10a: Typischer offsite-Effekt: Sandablagerung an einer Straße bei Ellbek mit Schneeräum-Fahrzeug (05.04.1989)

Bild 10b: zugewehte Grundstückseinfahrt in Kleinwiehe am 23.03.1969 (Lage in Bild 30 hinter dem Ortsschild)

Bild 11: Ortsteinbruchstück auf der Oberfläche eines Ackerbodens
(Foto: R. DUTTMANN)

Bild 12: Eisenhumus-Podsol unter Heidevegetation (Binnendüne bei Lütjenholm)
(Foto: R. DUTTMANN)

Bild 13: Saatbett für Silomais (Anfang April): Ablagerung ausgewehter Sande vor einem Knick
(Foto: M. BACH)

Bild 14: Bodenbedeckung von Silomais (Anfang Juni)
(Foto: R. GABLER-MIECK)

Bild 15: Winderosion auf einer frischen Grünlandumbruchfläche
(Foto: M. BACH)

Bild 16: Sandablagerung in Ackerfurchen und Fahrspuren
(Foto: R. DUTTMANN)

Bild 17: Stoppeln erhöhen den Reibungswiderstand und verringern die Auswehung
(Foto: R. DUTTMANN)

Bild 18: Idealer Winderosionsschutz: Selbstbegrünung zwischen Maisstoppeln
(Foto: R. DUTTMANN)

Bild 19: Glatte Oberflächen vermeiden!
(Foto: R. DUTTMANN)

Bild 20: Knick mit Überhältern
(Foto: R. GABLER-MIECK)

Bild 21: Knick mit typischem Erdwall und Windschutzpflanzung aus Nadelhölzern
(Foto: R. GABLER-MIECK)

Bild 22: Knicklandschaft östlich von Erfde mit Blick auf die Sorgeschleife
(Foto: W. HASSENPFLUG)

Bild 23: Windschutzhecken nordöstlich von Schafflund
(Foto: W. HASSENPFLUG)

Bild 24: Schneeverwehung bei Kropp
(Foto: W. HASSENPFLUG)

Bild 25: Landschaftsumfassendes Windschutzsystem in Joldelund mit Forstflächen, Wallhecken und Windschutzhecken, Windleitlinien mit doppelter Hochbaumreihe sowie Garten- und Hofpflanzungen
(© GeoBasis-DE/LVermGEO SH)

Bild 26: Schlackenfund aus dem Bereich des Kammberges bei Joldelund
(Foto: U. LUNGERSHAUSEN)

Bild 27: Spuren eines Wendepfluges in einem begrabenen Podsol
(Foto: U. LUNGERSHAUSEN)

Bild 28: Moor unter Dünen: Ein von Flugsanden verschüttetes Moor bei Joldelund
(Foto: U. LUNGERSHAUSEN)

Bild 29: Luftbild der Bodenverwehungen im Raum Ellund vom 23.03.1969
(Foto: W. HASSENPFLUG)

Bild 30: Sandberge in Kleinwiehe am 23.03.1969
(Foto: W. HASSENPFLUG)

Bild 31a: Sand- und Schneewehen bei Meyn, 23.03.1969 (Foto: W. HASSENPFLUG)

Bild 31b: Wechsellagerung von Sand und Schnee in einer Wehe bei Wiehelund; 7.04.1969 (Foto: SCHLUMBAUM)

Bild 32: Gehöft in Oxbüll, umgeben von Sandablagerungen
(Foto: W. HASSENPFLUG)

Bild 33: Düne im Hausgarten des Gehöfts Oxbüll
(Foto: W. HASSENPFLUG)

Bild 34: Bodenverwehung bei Meyn am 23.04.1971
(Foto: W. HASSENPFLUG)

Bild 35: Hangaufwärts gerichtete Bodenverwehung in Nordwiehe am 23.04.1971
(Foto: W. HASSENPFLUG)

Bild 36: Bodenverwehung am Wieher Berg (Luftbild 26.04.1971)
(Foto: W. HASSENPFLUG)

Bild 37: Saltationstransport über einen Graben (Handewitt, 24.04.1971)
(Foto: W. HASSENPFLUG)

Bild 38: Saltationstransport über einen Graben (Schafflund, 26.04.1971)
(Foto: W. HASSENPFLUG)

Bild 39: Bodenverwehung an einem Knick (Handewitt, 25.04.1971)
(Foto: W. HASSENPFLUG)

Bild 40: Luftbild zum Verwehungsfall Wallsbüll 1979
(Foto: W. HASSENPFLUG)

Bild 41: Luftbild zum Verwehungsfall Ellbek 1989
(Foto: W. HASSENPFLUG)

Bild 42: Verwehungsfall Ellbek: Materialsortierung auf einem Verwehungsfeld
(Foto: W. HASSENPFLUG)

Bild 43: Verwehungsfall Ellbek: Sandakkumulation an einer Feldgrenze
(Foto: W. HASSENPFLUG)

Bild 44: Verwehungsfall Ellbek: Sandablagerungen an der Leeseite einer Hecke am 05.04.1989
(Foto: W. HASSENPFLUG)

Bild 45: Verwehungsfall Ellbek: Sand- und Schluffablagerungen an der Leeseite einer Hecke am 08.04.1989
(Foto: W. HASSENPFLUG)

Bild 46: Verwehungsfall Ellbek: Sandtreiben, Staubtransport und Auswehung von Feinboden
(Foto: W. HASSENPFLUG)

Bild 47: Verwehungsfall Ellbek: Steinanreicherung auf der Bodenoberfläche
(Foto: W. HASSENPFLUG)

Bild 48: Verwehungsfall Ellbek: Der Boden fliegt weg - Suspensionstransport
(Foto: W. HASSENPFLUG)

Bild 49: Verwehungsfall Ellbek: Sedimenttransport über eine Straße
(Foto: W. HASSENPFLUG)

Bild 50: Verwehungsfall Ellbek: Sichtbehinderungen durch Sand und Staub
(Foto: W. HASSENPFLUG)

Bild 51: Verwehungsfall Ellbek: Sandverwehungen und Sandablagerungen am Straßenrand
(Foto: W. HASSENPFLUG)

Bild 52: Verwehungsfall Ellbek: Sandakkumulation an einer leeseitigen Feldgrenze
(Foto: W. HASSENPFLUG)

Bild: 53: Verwehungsfall Ellbek: Unwirksame Winderosionsbekämpfung durch Gülleauftrag
(Foto: W. HASSENPFLUG)

Bild: 54: Verwehungsfall Ellbek: Sandfahnen auf Grünland
(Foto: W. HASSENPFLUG)

Bild 55: Verwehungsfall Ellbek: Wirkung von Hecken und Geländestufen auf den Sedimenttransport
(Foto: W. HASSENPFLUG)

Bild 56: Verwehungsfall Ellbek: Suspensionstransport zum Höhepunkt des Verwehungsereignisses
(Foto: W. HASSENPFLUG)

Bild 57: Bei Weesby: Einfluss der Windwirklänge
(Foto: W. HASSENPFLUG)

Bild 58: Bei Dörpstedt: Verwehung macht nicht an Feldgrenzen Halt!
(Foto: W. HASSENPFLUG)

Bild 59: Am Dannewerk: Bodenverwehung bedeutet Humusverlust!
(Foto: W. HASSENPFLUG)

Bild 60: Bei Hollingstedt: Die Bodenbedeckung macht's!
(Foto: W. HASSENPFLUG)

Bild 61: Gülleausbringung mit erosionsvermeidender Wirkung
(Foto: R. DUTTMANN)

STATISTIKAMT NORD (= Statistisches Amt für Hamburg und Schleswig-Holstein) (1997): Agrarstruktur in Schleswig-Holstein. Betriebsgrößenstruktur, Bodennutzung und Viehhaltung in den Gemeinden. Ergebnisse der Agrarstrukturerhebung 1995. Statistischer Bericht C IV9-4j/1995 S, Teil 1, Heft 1, Hamburg

STATISTIKAMT NORD (= Statistisches Amt für Hamburg und Schleswig-Holstein) (2001): Agrarstruktur in Schleswig-Holstein. Betriebsgrößenstruktur, Bodennutzung und Viehhaltung in den Gemeinden. Ergebnisse der Agrarstrukturerhebung 1999. Statistischer Bericht C IV9-4j/1999 S, Teil 1, Heft 1, Hamburg

STATISTIKAMT NORD (= Statistisches Amt für Hamburg und Schleswig-Holstein) (2004): Die Bodennutzung in Hamburg und Schleswig-Holstein 2004 in landwirtschaftlichen Betrieben. Statistischer Bericht C I 1 - j/04 (Endgültiges Ergebnis), Hamburg

STATISTIKAMT NORD (= Statistisches Amt für Hamburg und Schleswig-Holstein) (2005): Agrarstruktur in Schleswig-Holstein. Betriebsgrößenstruktur, Bodennutzung und Viehhaltung in den Gemeinden. Ergebnisse der Agrarstrukturerhebung 2003 (zugleich EG-Agrarstrukturerhebung). Statistischer Bericht C IV9-4j/2003 S, Teil 1, Heft 1, Hamburg

STATISTIKAMT NORD (= Statistisches Amt für Hamburg und Schleswig-Holstein) (2007): Die Bodennutzung in Hamburg und Schleswig-Holstein 2006 in landwirtschaftlichen Betrieben. Statistischer Bericht C I 1 - j/06 (Endgültiges Ergebnis), Hamburg

STATISTIKAMT NORD (= Statistisches Amt für Hamburg und Schleswig-Holstein) (2008): Die Bodennutzung in Hamburg und Schleswig-Holstein 2007 in landwirtschaftlichen Betrieben. Statistischer Bericht C I 1 - j/07 (Endgültiges Ergebnis), Hamburg

STATISTIKAMT NORD (= Statistisches Amt für Hamburg und Schleswig-Holstein) (2009): Agrarstruktur in Schleswig-Holstein. Betriebsgrößenstruktur, Bodennutzung und Viehhaltung in den Gemeinden. Ergebnisse der Agrarstrukturerhebung 2007 (zugleich EG-Agrarstrukturerhebung). Statistischer Bericht C IV 9-4 j/2007 S, Teil 1, Heft 1, Hamburg

STATISTIKAMT NORD (= Statistisches Amt für Hamburg und Schleswig-Holstein) (2009): Die Bodennutzung in Hamburg und Schleswig-Holstein 2008 in landwirtschaftlichen Betrieben. Statistischer Bericht C I 1 - j/08 (Endgültiges Ergebnis), Hamburg

STATISTIKAMT NORD (= Statistisches Amt für Hamburg und Schleswig-Holstein) (2010): Die Bodennutzung in Schleswig-Holstein 2010. Anbau auf dem Ackerland - Vorläufige Ergebnisse -. Statistischer Bericht C I_1 – j10_v (Vorläufiges Ergebnis), Hamburg

STATISTIKAMT NORD (= Statistisches Amt für Hamburg und Schleswig-Holstein) (2011): Statistik informiert ... .Ackerflächen in Schleswig-Holstein 2011. Weniger Wintergetreide - mehr Sommergetreide - und Silomaisanbau. Nr. 86/2011, 21. Juli 2011. http://www.statistik-nord.de/uploads/tx_standocuments/SI11_086.pdf (letzter Zugriff: 26.08.2011)

STREHL, E. (1999): Erläuterungen zur Geologischen Karte von Schleswig-Holstein 1 : 25.000, Drelsdorf, Jörl 1320, 1321. Landesamt für Natur und Umwelt Schleswig-Holstein, Flintbek

TATARKO, J. & L. WAGNER (2002): Using WEPS with measured data. In: LEE, J. & T. ZOBECK [HRSG.]: Proceedings of ICAR5/GCTE-SEN Joint Conference, Lubbock, S. 282-284

VAN DER ENDE, M. (2008): Zur naturschutzfachlichen Situation der Binnendünen in Schleswig-Holstein. In: Landesamt für Natur und Umwelt: Jahresbericht 2007/08, Flintbek, S. 177-190

VAN EIMERN, J. & H. HÄCKEL (1984): Wetter- und Klimakunde. Ein Lehrbuch für Agrarmeteorologie. 4. überarb. Aufl., Eugen Ulmer Verlag, Stuttgart

VERORDNUNG (EG) Nr. 73/2009 des Rates vom 19. Januar 2009 mit gemeinsamen Regeln für Direktzahlungen im Rahmen der gemeinsamen Agrarpolitik und mit bestimmten Stützungsregelungen für Inhaber landwirtschaftlicher Betriebe und zur Änderung der Verordnungen (EG) Nr. 1290/2005, (EG) Nr. 247/2006, (EG) Nr. 378/2007 sowie zur Aufhebung der Verordnung (EG) Nr. 1782/2003

VERORDNUNG über die Grundsätze der Erhaltung landwirtschaftlicher Flächen in einem guten landwirtschaftlichen und ökologischen Zustand: Direktzahlungen-Verpflichtungenverordnung vom 4. November 2004 (BGBl. I S. 2778), zuletzt durch Artikel 1 der Verordnung vom 15. April 2011 (eBAnz 2011 AT 49 V1)

VISSER, S.M., G. STERK & J. SNEPVANGERS (2004): Spatial variation in wind-blown sediment transport in geomorphic units in northern Burkina Faso using geostatistical mapping. In: Geoderma, 120, S. 95-107

WENDENBURG, H. (2009): 10 Jahre Bundes-Bodenschutzgesetz. Fachtagung am 03. Dezember 2009, Berlin

WETTERAMT SCHLESWIG (o. J.): Stundenwerte von Windgeschwindigkeit und Windrichtung (Zeitraum 1975 bis 2002). Schleswig

WOODRUFF, N.P. & F.H. SIDDOWAY (1965): A wind erosion equation. In: Soil Sci. Soc. Am. Proc., 29, S. 602-609

Bild 62: Sedimentfalle (Modified Wilson and Cooke (MWAC-) Sampler)
(Foto: R. Duttmann)

Bild 63: Sedimentfalle (Suspended Sediment Trap (SUSTRA))
(Foto: R. Duttmann)

Bild 64: Meteorologische und bodenhydrologische Messstation des Geographischen Instituts der CAU Kiel an der Boden-Dauerbeobachtungsfläche (BDF 4) in Goldelund
(Foto: R. Duttmann)

11.5 Zeitungsausschnitte
„Sandsturm fegte über Einfeld"
(Quelle: Holsteinischer Courier (20.04.2007))

„Wind trägt Sand durchs Land"
(Quelle: Kieler Nachrichten (13.04.2011), Autor: F. Behling)

„Ackerkrume geht fliegen"
(Quelle: Bauernblatt (04.06.2011), Autor: U. Herms)

12. Anschriften der Autoren

Rainer Duttmann
Geographisches Institut der Christian-
Albrechts-Universität zu Kiel
Lehrstuhl für Physische Geographie:
Landschaftsökologie und Geoinformation,
Ludewig-Meyn-Straße 14, 24118 Kiel
Mail: duttmann@geographie.uni-kiel.de
www.lgi.geographie.uni-kiel.de
Tel.: 04 31 / 880-3431

Wolfgang Hassenpflug
Geographisches Institut der Christian-
Albrechts-Universität zu Kiel
Ludewig-Meyn-Straße 14, 24118 Kiel
Mail: hassenpflug@geographie.uni-kiel.de

Uta Lungershausen
Geographisches Institut der Christian-
Albrechts-Universität zu Kiel
Physische Geographie: Landschaftsökologie
und Geoinformation,
Ludewig-Meyn-Straße 14, 24118 Kiel
Mail: lungershausen@geographie.uni-kiel.de

Michaela Bach
Johann Heinrich von Thünen-Institut (vTI),
Institut für Agrarrelevante Klimaforschung,
Bundesallee 50, 38116 Braunschweig
Mail: michaela.bach@vti.bund.de;
Tel.: 05 31 / 596-2661

Jörn-Hinrich Frank
Landesamt für Landwirtschaft, Umwelt und
Ländliche Räume Schleswig-Holstein (LLUR),
Dezernat 62 Boden, Hamburger Chaussee 25,
24220 Flintbek
Mail: joern-hinrich.frank@llur.landsh.de;
Tel.: 0 43 47 / 704-506